JN411671

건축구조역학입문

후편

김영찬 저

서 문

건축구조의 기초적인 이론은 구조역학과 재료역학의 이론을 바탕으로 하고 있다. 건축구조역학입문(기문당, 2015년)에서 힘의 기초개념, 정정구조의 부재력 산정, 보 및 골조의 전단력도와 모멘트도 그리기, 트러스의 해석, 단면의 역학적 물성까지 다루었다. 본서에서는 부재의 응력과 변형, 정정구조의 처짐, 압축재의 좌굴 그리고 부정정보의 해석에 대한 이론을 소개하였고 이러한 내용은 건축구조를 이해하는데 필요한 기본적인 사항이다. 따라서 일반적인 재료역학의 교재에서 다루는 상세한 주제까지는 기술하지 않았다.

본서에서 소개하는 이론의 전개과정에서 수학적 식의 유도가 적지 않아 어렵게 느껴질 수 있지만 유도된 식의 의미를 이해하고 예제와 연습문제의 풀이를 활용하면 이론의 응용방법을 터득할 수 있다. 2장의 처짐과 4장의 부정정보의 해석에서는 다양한 방법들이 전개되기 때문에 차이점을 이해하고 응용하는 것이 효율적이다. 연습문제에는 (*)표를 붙여 난이도를 구분하고 풀이를 첨부하였으며, 객관식 및 단답형 시험에 대한 연습이 될 수 있도록 실전연습문제를 추가하였다. 본서에서 소개되는 이론들은 구조관련 교과목의 기초지식으로 필요하고, 구조부재의 변형 및 좌굴 등에 대한 이론적 지식이 건설현장의 안전을 향상시키는데 도움이 될 수 있다.

대연캠퍼스에서

CONTENTS

건축구조역학입문 후편

제 1 장

구조부재의 응력

1.1 응력과 변형률

1.2 축응력과 지압응력

1.3 전단응력

1.4 보의 휨응력

1.5 조합응력

1.6 온도응력

1.7 주응력의 개념

1.1 응력과 변형률

1.1.1 응력

물체에 힘이 가해지면 물체의 내부에 부재력 또는 내력(internal force)이라는 힘이 단면에 작용한다. 그런데 부재력은 단면상에 응력(stress)이라는 물리량으로 분포한다. 외부작용에 의해 부재에 생기는 응력을 인간이 일상생활에서 느끼는 스트레스와 연관지어 생각하면 구조부재에 왜 응력이 발생하는지 쉽게 이해할 수 있다. 인간이 느끼는 스트레스는 여러 가지 상황에서 일어날 수 있다. 예를 들어, 숙제가 많다거나 시험을 앞둔 학생은 스트레스를 느끼게 되고 학생에 따라 느끼는 스트레스의 정도는 다를 수 있다. 스트레스 때문에 머리가 아프거나 소화가 안 되는 등 몸에 이상이 나타난다. 즉, 스트레스를 받으면 몸에 변화가 나타난다. 의사는 몸에 발생한 문제의 원인을 찾아 환자의 신체가 정상적인 상태로 돌아가도록 처방을 내린다. 마찬가지로 엔지니어는 구조체에 변형이 생기면 왜 생겼는지 원인을 생각해 보고 구조체의 변형이 진행되는 것을 막아 구조체의 안전이 유지될 수 있도록 적절한 보강조치를 해야 한다.

응력은 단위 면적당의 힘이므로 단위는 N/m^2, kN/m^2 등으로 표시하고 $1N/m^2$을 1Pa(Pascal)이라 한다. 그림 2.1a에서와 같이 보를 절단하면 자유물체도에서 보의 잘린 면에 힘을 표시하여야 하고 평형조건을 이용하면 부재력(축력, 전단력, 모멘트)을 구할 수 있다. 부재력은 단면에 집중된 힘으로 작용하는 것이 아니고 그림 2.1b와 같이 단면에 분포된 면적당의 힘 즉, 응력이라는 형태로 작용하고 있다. 그림 2.1b에서 응력에 단면적을 곱하면 단면에 수직으로 작용하는 수직력(C-압축, T-인장)이 구해지고 수직력이 만드는 모멘트(M)를 구하면 그 위치에 작용하는 모멘트가 된다(상세한 내용은 1.4 보의 휨응력 참조)

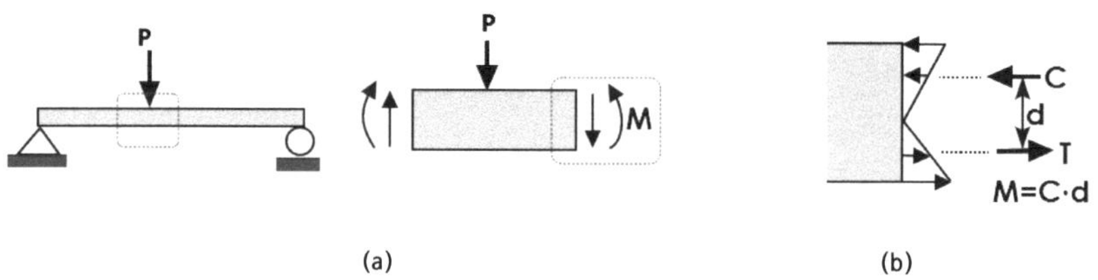

❙그림 1.1❙ 보의 부재력과 단면에 작용하는 응력

1.1.2 변형률

응력의 작용에 의해 부재의 길이가 변하는데 변한 정도를 나타내는 수치를 변형률(strain)이라 한다. 부재의 길이가 늘어나거나 줄어들어서 생기는 변형률은 길이의 변화량을 원래의 길이로 나눈 값으로 다음과 같이 나타낸다.

$$\epsilon = \frac{\Delta L}{L}$$

여기서 L은 변형 전의 길이, ΔL은 변한 길이이고 변형률은 단위가 없다. 길이방향의 변형률에 대한 길이의 직각방향 변형률과의 비를 프아송비(poisson's ratio)라 하는데 그림 1.2에서 막대의 프아송비는

$$\nu = -\frac{\epsilon_{직각방향}}{\epsilon_{길이방향}} = \left| \frac{\frac{S' - S}{S}}{\frac{L' - L}{L}} \right|$$

이고 강재의 프아송비는 약 0.3, 콘크리트는 약 0.2이다.

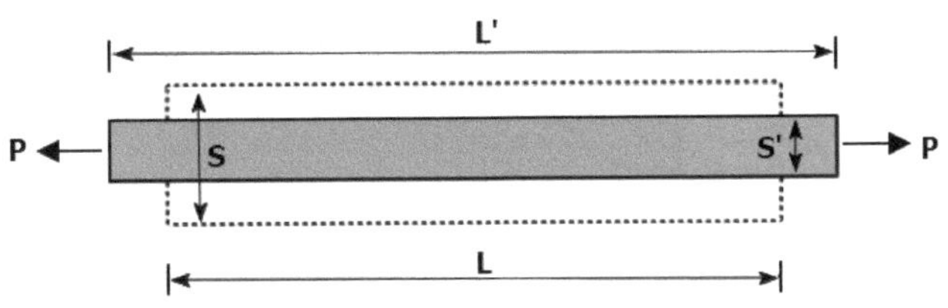

❙그림 1.2❙ 길이방향의 변형과 길이 직각방향의 변형

부재의 구성 재료, 작용하는 힘의 종류에 따라 응력과 변형률의 종류와 값이 달라진다. 즉, 재료가 가지는 특성에 따라 힘에 저항하는 정도가 다르기 때문에 구조체에 어떤 재료를 사용하느냐는 구조적 안전성과 경제성을 결정짓는 중요한 요소 중 하나이다.

재료의 역학적 성질을 알기 위해 인장, 압축시험 등을 수행하여 재료의 물성을 측정한다. 예를 들어 인장실험을 하게 되면 가해지는 응력과 변형률과의 관계를 그래프로 그릴 수 있는데 이 그래프를 응력-변형률 곡선이라 한다. 그림 1.3은 연강(mild steel), 주철(cast iron), 콘크리트에 대한 응력-변형률 곡선의 개략적인 형태를 나타내었다(재료의 상세 종류에 따라 달라 질 수 있음). 그래프의 초기 기울기를 보면 연강이 가장 큰 것을 알 수 있고 즉, 탄성계수가 가장 크다. 재료의 파단 시 연강의 변형률이 가장 큰 것을 알 수 있고 따라서 지진하중이 작용하는 경우 연강으로 된 구조체가 다른 재료보다 유연성이 우수하다.

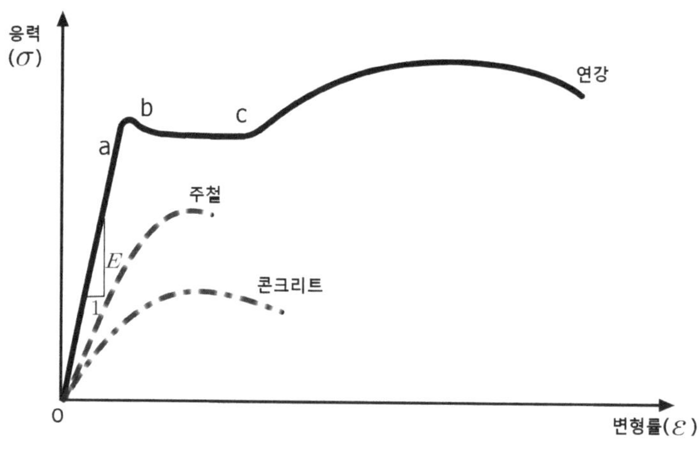

| 그림 1.3 | 재료의 응력-변형률 곡선

연강의 경우 그래프가 o-a구간까지는 직선, b-c구간에서는 수평적인 형태를 보이는데 o-a구간을 탄성구간, b-c구간을 소성구간이라 한다. b점을 항복점이라 하고 그 때 응력을 항복응력이라 한다. c점을 지나 그래프의 최고점에서의 응력을 극한응력이라 하고 강재가 견딜수 있는 최대능력이라 인장강도를 의미한다. 탄성구간에서는 하중을 제거하면 재료가 원래의 상태로 돌아오지만 소성구간에서는 하중을 제거해도 원래의 상태로 돌아오지 않고 영구변형이 남는다. 강재는 탄성구간에서는 응력과 변형률의 관계가 직선으로 변하기 때문에 아래와 같이 직선식으로 표현할 수 있는데 이를 Hooke의 법칙이라 하고 직선의 기울기를 탄성계수(E) 또는 영(Young)계수라 한다.

$$\sigma = E\,\epsilon$$

건축분야에서 주로 사용하는 재료의 역학적 물성이 표1.1에 나와 있는데 재료별 기본적인 수치이고 구체적인 재료의 종류에 따라 물성이 다르기 때문에 생산자가 제공하는 데이터를 참조해야 한다. 탄성계수가 작을수록 변형이 커지게 되므로 주어진 부재의 조건에 맞는 재료를 선택하여야 효율적인 설계를 할 수 있다.

표 1.1 **재료의 역학적 물성주)**

재료	강재	알루미늄	콘크리트	목재
탄성계수(GPa)	210	70	15-30	9
인장강도(MPa)	330-950	70-570	-	65
압축강도(MPa)	-	-	10-70	50
항복강도(MPa)	195-770	30-505	-	-
열팽창계수(10^{-6}/℃)	11.7	23.6	9.9	3

주) 재료의 신제품 개발에 따라 상기의 값과 차이가 있을 수 있음.

물체의 변형은 부재의 길이가 변하거나 모양이 바뀌면서 일어난다. 그림 1.4에서 전단응력(τ)만 작용하는 보의 한 점을 확대하여 정사각형으로 나타내었다. 전단응력에 의해 정사각형이 마름모로 변하게 되고 변한 각(γ)을 전단변형률이라 하는데 전단응력과 전단변형률은 아래와 같은 관계가 성립한다.

$$\tau = G\gamma$$

여기서 G는 전단탄성계수라 하고 탄성계수와 프아송비를 이용하여 아래와 같이 나타낼 수 있다.

$$G = \frac{E}{2(1+\nu)}$$

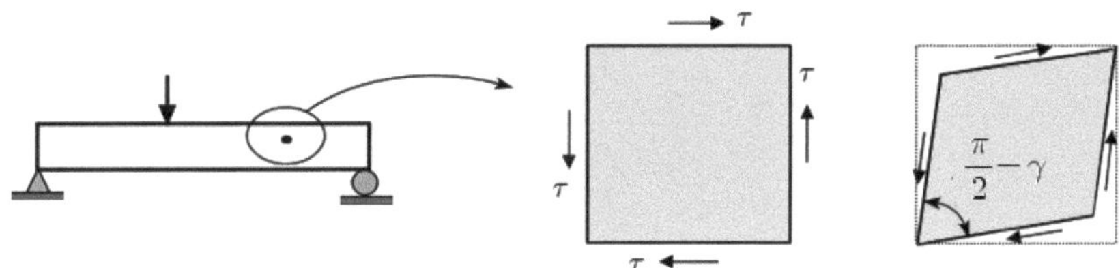

그림 1.4 전단응력과 전단변형

예제 1.1

길이 4m인 원형기둥에 15,000kN의 압축력이 작용하는데 기둥의 길이변화가 4mm를 넘지 않도록 하려면 최소직경은 얼마인가?. 단 재료의 탄성계수는 200kN/mm^{2}이고 기둥의 좌굴은 발생하지 않는다고 가정한다.

풀이

응력과 변형률의 관계로부터 소요되는 단면적은 다음과 같다.

$$\sigma = E\,\epsilon$$

$$\frac{P}{A} = E\frac{\Delta L}{L}$$

$$A = \frac{PL}{\Delta L\, E}$$

$$\therefore A = \frac{15,000 \times (4 \times 10^3)}{4 \times 200} = 7.5 \times 10^4 \mathrm{mm}^2$$

$$\frac{\pi d^2}{4} = 7.5 \times 10^4$$

$$\therefore d = 309\mathrm{mm}$$

📖 예제 1.2

아래 그림은 건물에 전달되는 진동을 줄이기 위한 면진장치의 일종인데, 고무와 강재의 적층 패드(Pad)에 수평전단력 $V=6\mathrm{kN}$이 작용하여 상부가 5mm 이동하였다. 고무의 전단탄성계수를 구하시오. 단 패드의 크기는 20cm×30cm이다.

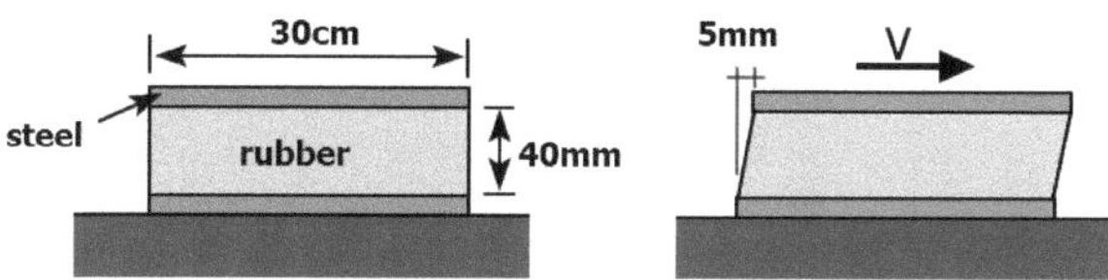

✪ 풀이

전단변형률은

$$\gamma=\frac{5}{40}=0.125$$

이고 전단력은 패드의 면적에 등분포하는 전단응력으로 작용한다고 가정한다.

$$\tau=\frac{V}{A}=\frac{6,000}{20\times30}=10\mathrm{N/cm^2}$$

$$\therefore G=\frac{\tau}{\gamma}=0.8\mathrm{MPa}$$

1.2 축응력과 지압응력

1.2.1 축응력

부재축에 평행한 방향의 힘(압축력 또는 인장력)이 작용하면 부재의 내부에 이 힘에 대응하는 응력이 생기는데 이를 축응력 또는 부재의 단면에 수직한 방향의 응력이므로 수직응력이라 한다. 압축력이 작용하면 압축응력이 생기고 인장력이 작용하면 인장응력이 생긴다. 축력 P가 부재 중심축에 작용하는 그림 1.5에서 부재의 끝에서 어느 정도 떨어진 위치를 절단하면 그림과 같이 평형을 이루기 위한 응력이 단면에 작용하며 그 응력의 크기는 다음과 같다.

$$\sigma = \frac{P}{A}$$

여기서 A는 부재의 단면적이다. 인장을 받는 부재는 단면적을 크게 함으로써 응력을 작게 할 수 있다.

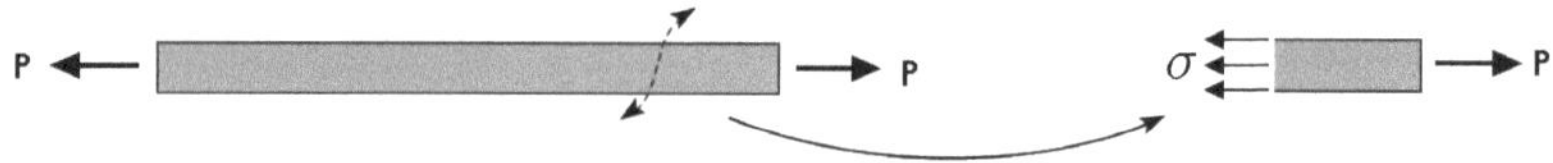

❙그림 1.5❙ 인장력을 받고 있는 부재의 응력

인장력을 받는 부재는 인장력을 재료의 허용(또는 설계)응력으로 나누어 단면적을 구하면 되는데, 압축력을 받는 부재는 좌굴현상이 발생하기 때문에 기둥의 소요단면적을 압축력의 크기만으로 결정할 수 없다.

일상생활에는 응력의 개념을 적용하여 생각할 수 있는 경우가 많이 있다. 압핀은 끝이 뾰쪽하여 손가락으로 누르면 물체에 들어가는데 넓은 원판 덕분에 손가락에 느끼는 응력은 작다. 어깨에 메는 가방 끈을 보면 어깨에 딱는 부분의 면적을 넓게 한 경우가 있는데 어깨에 닿는 끈의 면적이 넓으면 응력이 작아져 어깨에 부담을 덜 주게 된다. 눈 위를 걸을 때 신는 신발(설피)은 바닥면적이 커서 발이 눈 속에 깊이 빠지지 않고 걷을 수 있도록 해준다.

예제 1.3

원주형 콘크리트 공시체 $\phi 15 \times 30\,(\mathrm{cm})$에 콘크리트를 부어 넣고 28일의 양생기간이 지난 후 축력을 가한 결과 1000kN에서 공시체가 파괴되었다. 이 콘크리트의 강도는 얼마인가?

✪ 풀이

이 실험은 콘크리트의 강도를 정하기 위한 실험으로 수직응력의 개념을 이용한다. 압축응력은

$$\sigma = \frac{P}{A} = \frac{P}{\frac{\pi d^2}{4}}$$

여기서 d는 공시체의 직경이다. 압축응력은

$$\sigma = \frac{P}{\frac{\pi d^2}{4}} = \frac{1000}{\frac{3.14 \times 15^2}{4}} = 5.66\mathrm{kN/cm^2}$$

이다. 따라서 콘크리트의 강도는 56.6MPa이다.

예제 1.4

그림과 같이 길이 8m의 보가 1단은 힌지 지지단(A)과 타단은 케이블(B)에 매달려 지지되어 있다. 보의 무게(self-weight)는 무시하고 2kN/m의 등분포하중이 작용할 경우 케이블의 인장응력이 1000 kN/m^{2}을 넘지 않기 위해서는 케이블의 직경이 얼마이어야 하는가?

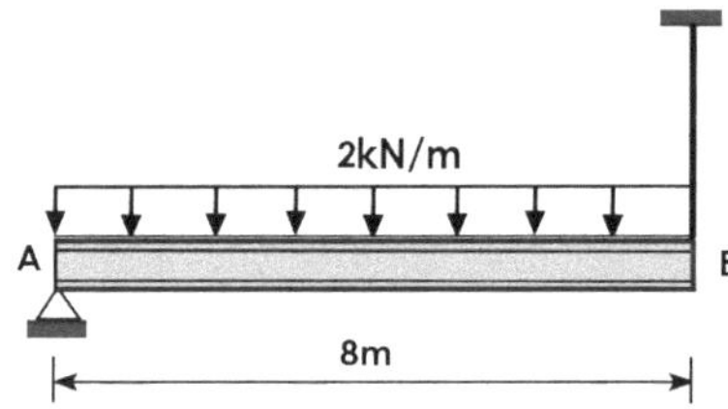

✪ 풀이

보는 단순지지의 상태이므로 분포하중은 각 지지점에서 반씩 나누어 부담한다. 따라서 케이블에 작용하는 인장력은

$$p = \frac{2 \times 8}{2} = 8\,\mathrm{kN}$$

이고 허용하는 인장응력이 1000kN/m^{2}이므로 케이블의 직경은

$$\sigma = \frac{P}{\frac{\pi d^2}{4}} = \frac{8}{\frac{3.14 \times d^2}{4}} = 1000\,\mathrm{kN/m^2}$$

$$\therefore d = 0.1\mathrm{m}$$

예제 1.5

길이 5m의 정사각형 기둥에 20,000kN의 축력이 작용하는데 기둥에 허용되는 응력이 150N/mm^{2}이고 기둥의 길이변화가 4mm이내여야 한다면 기둥 한 변의 최소길이는 얼마인가?. 단, 탄성계수는 200kN/mm^{2}이다.

풀이

1) 단면의 응력이 허용응력이 되기 위한 소요 단면적은

$$\sigma = \frac{P}{A_1}$$

$$\therefore A_1 = \frac{20,000 \times 1,000}{150} = 1.33 \times 10^5 \mathrm{mm}^2$$

2) 길이변화가 4mm 이내가 되기 위한 소요 단면적은

$$\Delta L = \frac{PL}{EA_2} = 4\mathrm{mm}$$

$$\therefore A_2 = \frac{20,000 \times 5,000}{4 \times 200} = 1.25 \times 10^5 \mathrm{mm}^2$$

허용응력에 의한 소요 단면적이 더 크므로 한 변의 길이는 36.5cm 이상으로 한다.

예제 1.6

강체로 된 보가 B점과 C점에서 단면적과 길이가 같은 줄에 의해 지지되고 있다. 줄에 작용하는 힘을 구하시오.

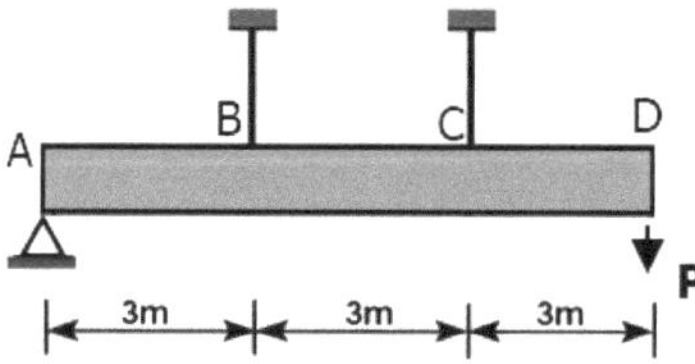

✪ 풀이

강체는 외부 힘에 의해 변형이 생기지 않는다. 응력과 변형률의 관계로부터 축력에 의한 길이변화량은 다음과 같다

$$\Delta L = \frac{PL}{EA}$$

강체보는 직선을 유지하며 이동이므로 줄의 늘어난 길이는 비례하여 $\Delta_C = 2\Delta_B$이다. 따라서 단면적과 길이가 같으므로 줄에 작용하는 힘은 $P_C = 2P_B$이다. A점을 기준으로 모멘트의 평형식을 세우고 상기의 조건을 이용하면 줄에 작용하는 힘은 아래와 같다.

$$\sum M_A = 9 \times p - P_B \times 3 - P_C \times 6 = 0$$

$$\therefore P_B = \frac{3}{5}p, \ P_C = \frac{6}{5}p$$

1.2.2 지압응력

접촉하는 두 개의 물체 사이에 작용하는 압축응력을 지압응력(bearing stress)이라 하고 작용과 반작용의 원리에 의해 서로 반대방향으로 같은 크기의 응력이 작용한다. 그림 1.6a에는 강구조에서 인장재를 연결하기 위해 강판의 구멍에 볼트를 체결하는 접합을 나타내었다. 볼트와 강판사이에는 약간의 틈이 있는데 강판이 미끄러지면서 볼트와 강판은

a, b구간에서 접촉한다. 그림 1.6b에는 볼트가 강판에 가하는 지압응력을 나타내었다. 하중 작용방향으로 작용하는 지압응력의 면적 A_b는 $D \times t$가 된다(그림 1.6c).

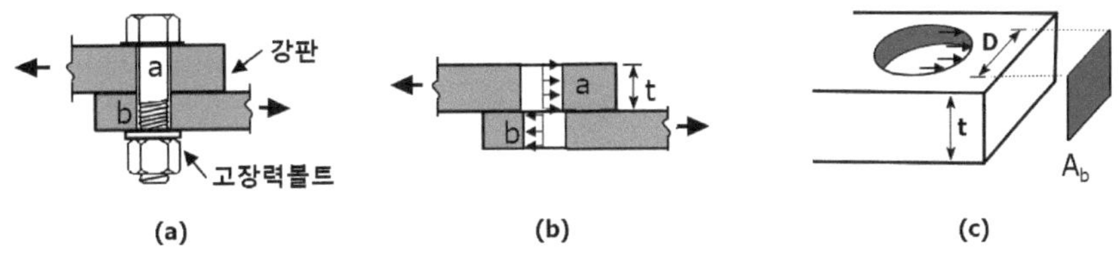

▌그림 1.6▐ 지압응력을 받는 강판

예제 1.7

아래 그림과 같이 부재의 연결에 핀(pin)을 사용하면 부재의 회전이 가능하다. 강재 핀이 콘크리트 블록에 가하는 지압응력은 얼마인가?.

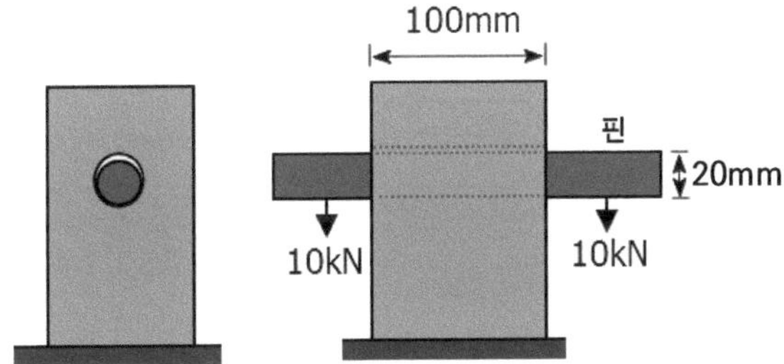

✪ 풀이

지압면적은 $A_b = 20 \times 100 = 2{,}000\text{mm}^2$

콘크리트 블록에는 20kN의 힘이 작용하므로 지압응력은

$$\sigma = \frac{20}{2{,}000} = 1 \times 10^{-2}\text{kN/mm}^2 = 10\text{MPa}$$

1.3 전단응력

1.3.1 직접 전단의 작용

직접 전단(direct shear)이란 물체의 수직방향으로 힘을 작용시켜 단면에 평행하게 자르는 것을 의미하는데 가위로 종이를 자르거나 나뭇가지를 전지하는 작업을 예로 들 수 있다. 그림 1.7에는 전단력만으로 물체가 절단되는 사례를 그려놓았다. 그림 1.7a에서 보는 것처럼 두 개의 날이 서로 평행하고 반대방향으로 움직이면 물체가 잘린다. 물체가 두꺼울수록 큰 힘을 필요로 한다. 그림 1.7b는 판재에 전단응력이 작용하여 구멍이 생겼는데 이와 같이 재료가 잘려 나가는 현상을 펀칭전단(punching shear)이라 한다. 집중하중이 작용하는 콘크리트 슬래브에서 펀칭전단에 대한 안전성 검토가 필요하다. 그림 1.7c는 강재의 접합에 사용되는 볼트에 전단응력이 작용하여 볼트가 절단되는 형상이다.

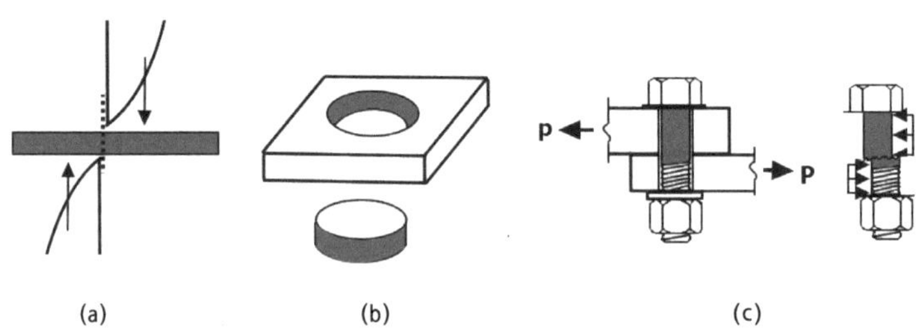

┃그림 1.7┃ 직접 전단에 의한 물체의 절단

예제 1.8

그림과 같이 강판이 2개의 볼트에 의해 연결되어 있는데 볼트의 허용전단응력이 0.5GPa이면 접합에 작용시킬 수 있는 P의 최대값은 얼마인가? 단 볼트의 직경은 30mm이고 강판은 안전하다고 가정한다.

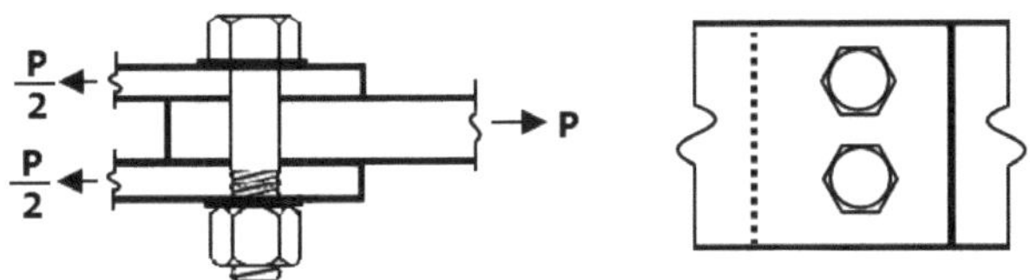

풀이

그림처럼 볼트의 절단면이 2곳에서 생기므로(2면전단) 전단력을 저항하는 단면적은

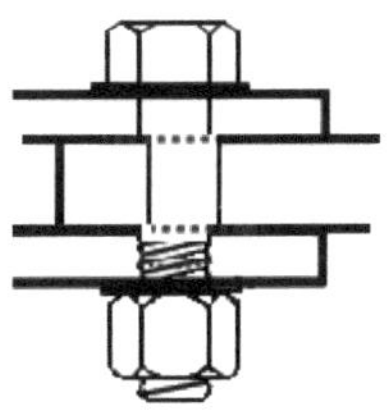

$$2 \times \frac{\pi d^2}{4} = 1,413.7\mathrm{mm}^2$$

이고 볼트 1개에 가할 수 있는 힘(f)은

$$f = \tau \times A = 0.5 \times 10^9 \times 1,413.7 \times 10^{-6} \times 10^{-3} = 706.85\mathrm{kN}$$

이다. 볼트가 2개이므로

$$\therefore P_{\max} = 2 \times 706.85 = 1,413.7\mathrm{kN}$$

1.3.2 보의 전단응력

보에 작용하는 하중에 의해 부재력으로 전단력과 모멘트가 발생하고 이것은 단면에 응력의 형태로 작용하는데 전단력에 의한 응력이 전단응력이고 모멘트에 의한 응력이 휨응력이다. 전단응력은 휨응력과는 달리 부재의 길이를 변화시키지 않고 보의 형태를 변형시킨다. 그림 1.8a과 같이 보가 여러 개의 판을 겹쳐 이루어졌을 때 판이 완전히 접착되어 있는 경우는 그림 1.8b와 같이 변형되는데, 접착되지 않은 경우는 그림 1.8c와 같이 겹쳐진 판들이 각각 따로 움직이기 때문에 양 끝이 톱니같은 변형을 나타낸다.

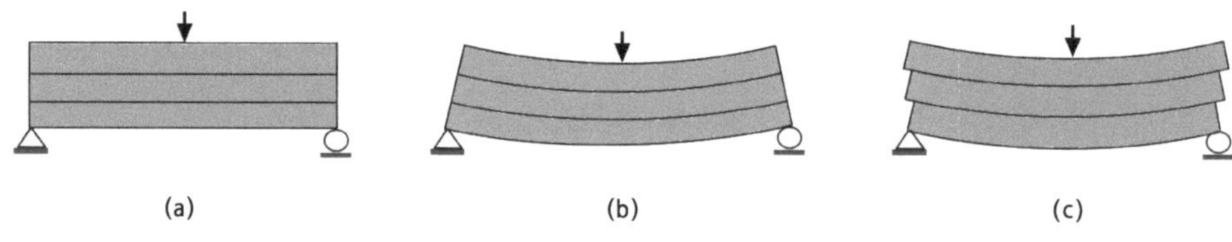

❙그림 1.8❙ 보 단면의 완전접착과 비접착에 따른 휨변형

그림 1.9a의 보가 그림 1.9b의 보가 되기 위해서는 그림 1.9a의 확대한 부분에 표시된 것처럼 힘이 작용하여 상하 변형이 다른 것을 당기고 밀어서 한 점으로 맞추면 그림 1.9b와 같이 된다. 따라서 겹쳐진 부분에서 전단력 즉, 수평전단응력이 작용하고 있다. 그리고 평형조건에 의해 수평전단응력과 수직전단응력은 크기가 같다. 따라서 수직과 수평을 구분하지 않고 전단응력이라 한다.

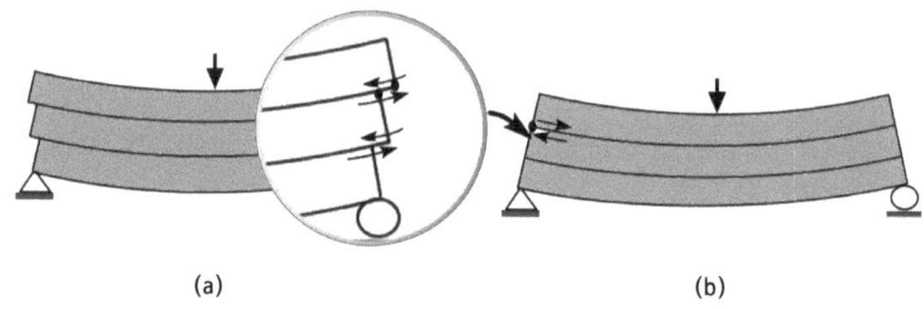

❙그림 1.9❙ 보 내부의 전단력

그림1.10a에서 보의 미소부분 dx를 잘라내어 자유물체도를 그림1.10b에 나타내었는데 양쪽에는 모멘트에 의한 휨응력이 작용하고 abcd면에 작용하는 전단응력(τ)이 있다. 양쪽 면에 작용하는 수평력은 휨응력의 합이고 휨응력과 모멘트와의 관계식을 이용하면 수평력은 다음과 같다.

$$F_1 = \int_{y}^{y_1} \frac{M \times y}{I} dA, \quad F_2 = \int_{y}^{y_1} \frac{(M + dM) \times y}{I} dA$$

그리고 그림1.10b와 같이 단면의 폭(b)방향으로 전단응력의 크기가 일정하다고 가정하면 전단응력의 합은

$\tau \times b \times dx$

이다. 평형조건에 의해 수평방향의 힘의 합이 0이어야 하므로

$F_2 - F_1 - \tau \times b \times dx = 0$

이다. 위 식을 정리하면 전단응력은 아래와 같다.

$$\begin{aligned}\tau &= \frac{dM}{dx}\frac{1}{I\ b}\int_{y}^{y_1} y dA \\ &= \frac{V\ S}{I\ b}\end{aligned}$$

여기서 V는 단면에 작용하는 전단력, b는 단면의 폭, S는 전단응력을 구하고자 하는 위치에서 최외단까지의 면적에 대한 단면1차모멘트이다. 따라서 단면의 최외단부에서 $S=0$이므로 전단응력은 0이고 중립축에서 S가 최대가 되므로 전단응력이 최대가 된다. 전단응력의 최대, 최소의 위치가 휨응력(1.4절 참조)과 정반대인 것을 알 수 있다.

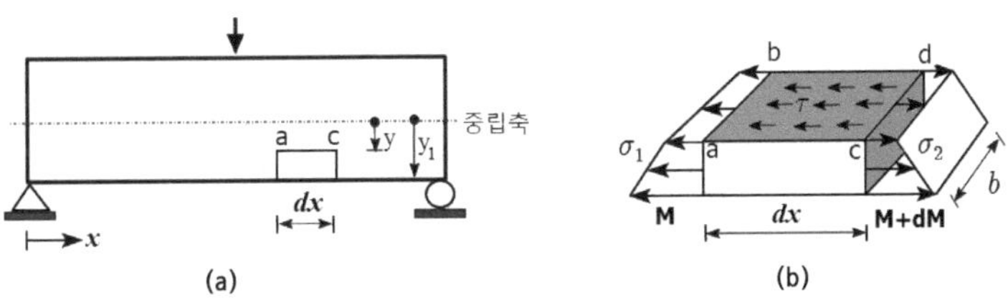

❙그림 1.10❙ 보에 작용하는 전단응력

예제 1.9

전단력 V가 작용하고 있는 직사각형 단면에서 전단응력의 분포를 그리시오.

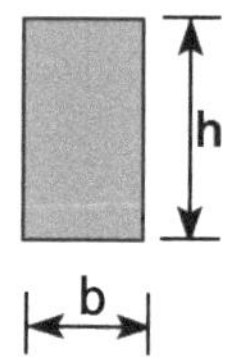

풀이

단면의 중립축은 h/2에 있으므로 중립축에서 y만큼 떨어진 곳의 전단응력을 구한다. 단면 1차 모멘트 S는 아래 그림에서 색칠한 면적에 대한 단면 1차 모멘트이므로

$$S=\int_{y}^{y_1} ydA=\int_{y}^{\frac{h}{2}} y(b\,dy)=\frac{b}{2}(\frac{h^2}{4}-y^2)$$

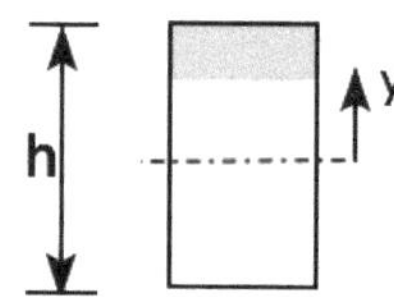

따라서, 전단응력은

$$\tau=\frac{V}{2I}(\frac{h^2}{4}-y^2)=\frac{6V}{bh^3}(\frac{h^2}{4}-y^2)$$

이고 $y=0$일 때 전단응력의 최대값은

$$\tau_{\max}=\frac{3}{2}\frac{V}{bh}$$

이고 평균전단응력($\frac{V}{bh}$)의 1.5배이다. 원형단면에서 전단응력의 최대값은 평균전단응력의 $\frac{4}{3}$배이다.

예제 1.10

전단력 100kN이 아래의 H형 단면에 작용하는데 다음 전단응력을 구하시오.

단, H=60cm, h=50cm, B=50cm, t=5cm이다.

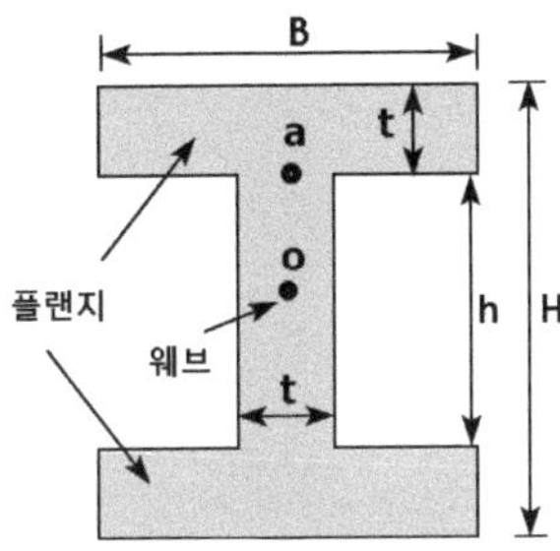

1) 플랜지의 a점

2) 웨브의 a점

3) 최대 전단응력

✪ 풀이

단면2차모멘트는

$$I= \frac{BH^3}{12} - \frac{(B-t)h^3}{12} = 431,250\,\text{cm}^4$$

1) 플랜지의 a점에서 S는

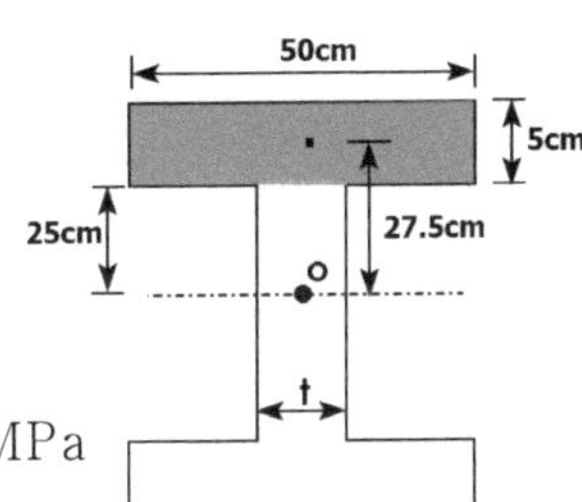

$$S=(50\times5)\times(25+\frac{5}{2})=6,875\text{cm}^2$$

이고, 전단응력은

$$\tau = \frac{VS}{Ib} = \frac{100\times6,875}{431,250\times50} = 3.188\times10^{-2}\text{kN/cm}^2 = 0.32\text{MPa}$$

2) 웨브의 a점에서 S는 동일하므로 전단응력은

$$\tau = \frac{VS}{Ib} = \frac{100 \times 6,875}{431,250 \times 5} = 3.188 \times 10^{-1}\mathrm{kN/cm^2} = 3.2\mathrm{MPa}$$

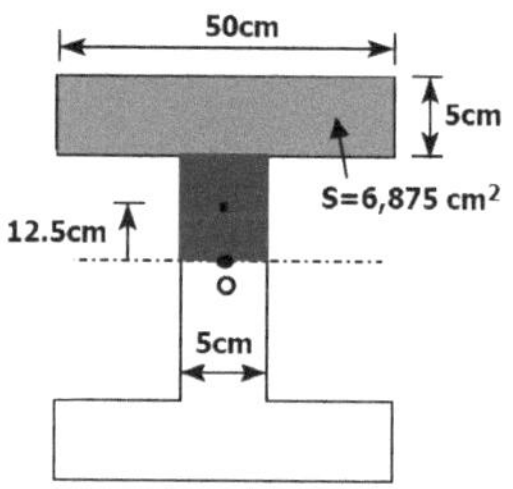

3) 최대 전단응력은 단면의 도심(o점)에 작용하므로 S는

$$S = 6,875 + (25 \times 5) \times \frac{25}{2} = 8,437.5\mathrm{cm^2}$$

따라서 최대전단응력은

$$\tau = \frac{VS}{Ib} = \frac{100 \times 8,437.5}{431,250 \times 5} = 3.913 \times 10^{-1}\mathrm{kN/cm^2} = 3.9\mathrm{MPa}$$

각 위치에서 전단응력의 분포를 그리면 우측 그림과 같다. 플랜지와 웨브가 만나는 곳에서 전단응력이 불연속인 것을 알 수 있는데 이것은 폭(b)이 플랜지에서 웨브로 가면서 급격히 감소하기 때문이다.

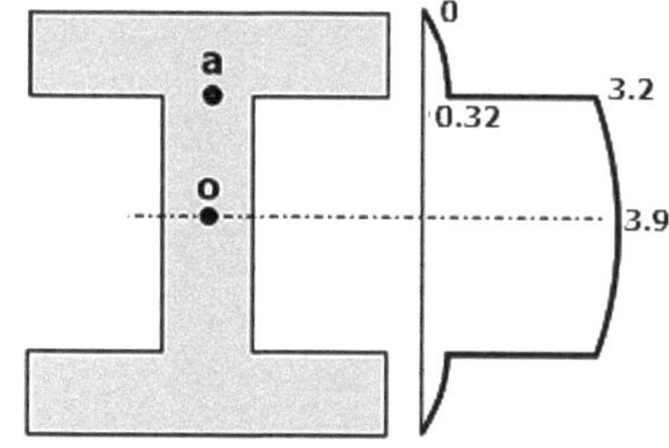

1.4 보의 휨응력

외력의 작용에 의해 보가 변형하고 보의 내부에는 부재력이 작용하고 있다. 그림 1.11a에서 보의 처짐형태는 반지름이 ρ인 원호로 나타내며 ρ를 곡률반경이라 하고 $\dfrac{1}{\rho}$를 곡률이라 한다. 즉, 곡률반경이 크면 클수록 곡률이 작아 보의 휜 정도가 작다는 것을 의미한다.

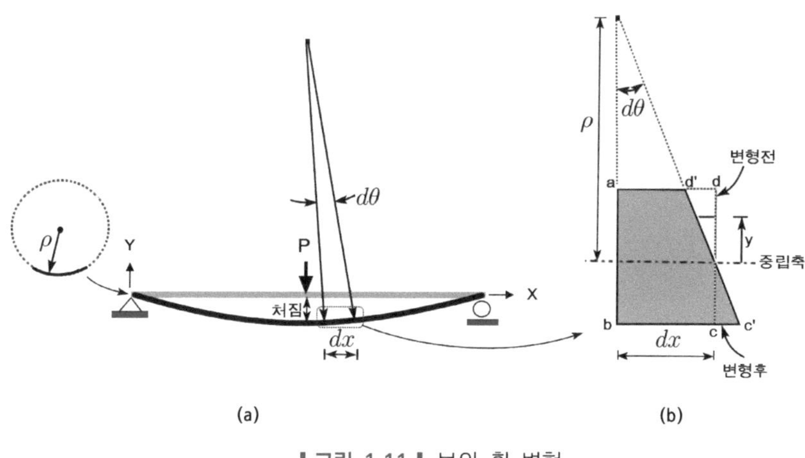

그림 1.11 보의 휨 변형

그림 1.11b에서 보의 미소부분 dx를 잘라내어 변형된 모습을 보면 임의의 축을 경계로 상부는 압축력을 받아 길이가 줄어들고 하부는 인장력을 받아 길이가 늘어난다. 그리고 보의 축방향으로 길이변화가 없는 위치를 중립축(neutral axis)이라 한다. 중립축을 기준으로 ad는 ad'로 바뀌고 bc는 bc'로 바뀐다. 호의 길이 dx는

$$dx = \rho d\theta$$

이다. 중립축에서 y만큼 떨어진 곳에서 변한 길이는 $y\,d\theta$이므로 변형률은

$$\epsilon = \frac{y\,d\theta}{dx} = \frac{y}{\rho}$$

로 표시되며 응력과 변형도의 관계로부터

$$\sigma = E\,\epsilon = \frac{E}{\rho}y$$

이다. 위식에서 응력은 단면에서 선형(직선)으로 변하는 것을 알 수 있다. 그림 1.12a에서와 같이 휨응력은 중립축에서 0이 되고 단면의 최상부 또는 최하부에서 최대가 된다.

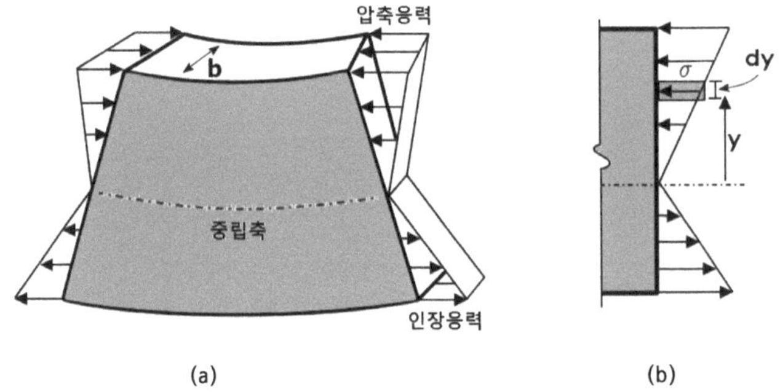

▌그림 1.12▌ 보에서 휨응력의 분포와 수평방향 힘의 평형

외력에 의해 부재에 모멘트가 발생하고 모멘트는 단면에 분포된 응력으로 작용하므로 따라서 모멘트와 응력간에는 상관관계가 있다. 그림 1.12b에서 단면에 작용하는 응력을 전체 단면적에 대하여 더하면 단면에 작용하는 수평방향의 힘이 된다. 수평방향 힘의 평형조건으로부터

$$\sum F_x = \int_A \sigma\,b\,dy = \frac{bE}{\rho}\int_A y dy = 0$$

상기의 식에서 적분항은 단면1차모멘트이고 0이므로 도심축에 대한 단면1차모멘트를 의미한다. 따라서, 중립축은 도심축이라는 것을 알 수 있다. 그림 1.12b에서 단면에

작용하는 수직응력이 만드는 모멘트는

$$M = \int_A y \times \sigma \, dA = \frac{E}{\rho} \int_A y^2 dA$$

이다. 위식에서 적분항은 단면2차모멘트이다. 따라서, 모멘트는

$$M = \frac{EI}{\rho}$$

가 된다. 위식과 응력과 곡률반경의 관계식을 이용하면

$$\sigma = \frac{My}{I}$$

이다. 부재가 휘는 변형을 만드는 모멘트에 의해 발생한 응력으로 휨응력이라 한다. 위식을 보의 휨공식(flexural formula) 또는 베르누이-오일러(Benoulli-Euler)의 보 공식이라 한다. 최대 휨응력은 단면의 최외단에서 발생하므로 최외단의 y값을 이용하면 휨공식은

$$\sigma = \frac{M}{\frac{I}{y}} = \frac{M}{z}$$

로 나타낼 수 있고 z를 단면계수라 한다. 대칭단면이 아닌 경우 인장측과 압축측의 y가 다르다. 최대 인장응력과 압축응력은 정(+)모멘트와 부(-)모멘트의 크기와 중립축의 위치에 따라 달라진다.

예제 1.11

다음 보에서 최대 압축응력과 인장응력을 구하시오.

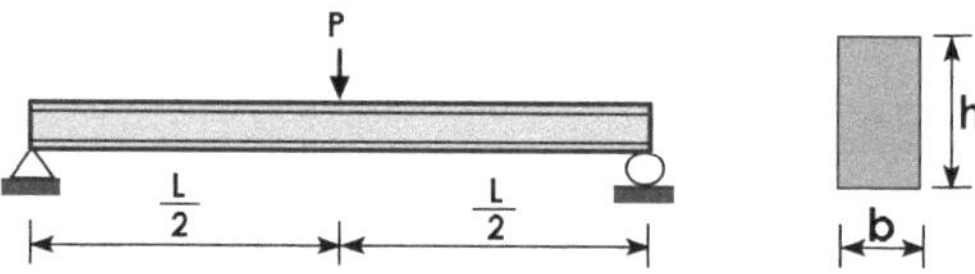

✪ 풀이

보의 모멘트도는 삼각형 형태이고 최대 모멘트는 $\frac{1}{4}PL$이다.
따라서 보의 최대응력은

$$\therefore \sigma_{\max} = \frac{My}{I} = \frac{\frac{1}{4}PL \times \frac{h}{2}}{\frac{bh^3}{12}} = \frac{3PL}{2bh^2}$$

이고 대칭단면이므로 인장응력과 압축응력은 같다.

예제 1.12

다음 보에서 최대 압축응력과 인장응력을 구하시오.

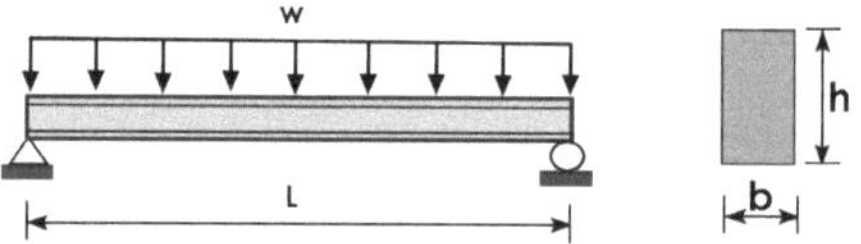

✪ 풀이

보의 모멘트도는 2차 포물선 형태이고 최대 모멘트는 $\frac{1}{8}wL^2$이다.
따라서 보의 최대응력은

$$\therefore \sigma_{\max} = \frac{My}{I} = \frac{\frac{1}{8}wL^2 \times \frac{h}{2}}{\frac{bh^3}{12}} = \frac{3wL^2}{4bh^2}$$

이고 대칭단면이므로 인장응력과 압축응력은 같다.

1.5 조합응력

지금까지는 축력, 전단력, 모멘트가 개별적으로 작용하는 상태에서 응력을 구하였다. 그런데 부재에는 여러 가지의 힘이 동시에 작용하는 경우가 대부분으로 여러 힘을 동시에 작용시켜 응력을 산정해야 하는데 조합력에 의해 발생하는 응력을 조합응력(combined stress)이라 한다. 그림 1.13과 같이 기둥에서 축력과 모멘트(a), 기둥에서 편심이 있는 축력(b), 보에서 축력과 수직하중(c)이 작용하는 경우에는 조합응력이 발생한다.

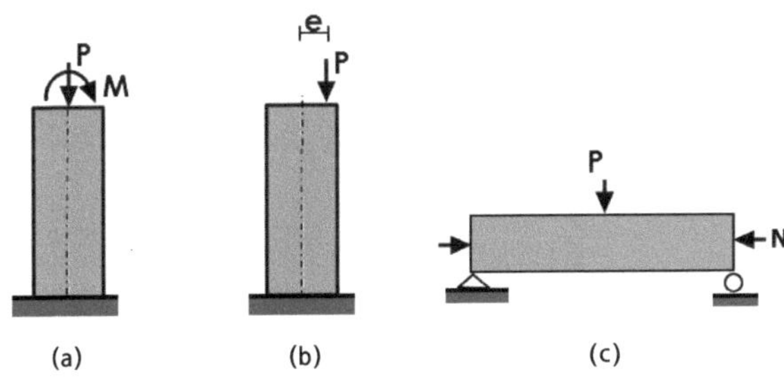

❙그림 1.13❙ 조합응력 발생의 예

기둥에서 중심축에 작용하는 축력과 모멘트가 작용하는 경우(그림1.14a) 축력에 의한 응력을 보면 단면 전체가 압축응력을 받는다(그림1.14b). 모멘트 M에 의해 abcd부분은 압축응력을 cdef부분은 인장응력을 받는다(그림1.14c). 그림1.14d는 조합응력의 분포를 나타내고 ab라인에서 압축응력이 최대이며 아래와 같다.

$$\sigma_{ab} = \sigma_1 + \sigma_2 = -\frac{P}{BH} - \frac{M \times y}{I} = -\frac{P}{BH} - \frac{6M}{BH^2}$$

ef라인의 응력은

$$\sigma_{ef} = \sigma_1 + \sigma_2 = -\frac{P}{BH} + \frac{M \times y}{I} = -\frac{P}{BH} + \frac{6M}{BH^2}$$

이고 주어진 하중과 단면 사이즈에 따라 응력이 (+) 또는 (-)가 될 수 있다.

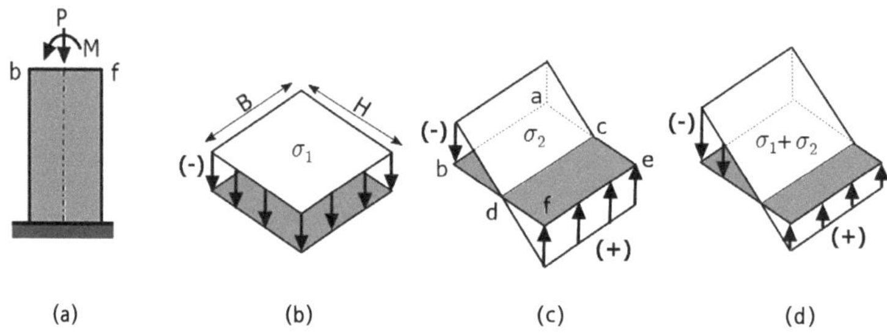

| 그림 1.14 | 축력과 모멘트의 작용에 의한 조합응력

좌굴(기둥이 파괴되지 않고 구부러지는 현상, 3장 참조)이 발생하지 않는 단주(short column)에서 축하중의 작용 위치에 따라 단면의 응력상태가 달라진다. 직사각형 단면(그림 1.15a)에서 축하중이 편심(e)을 갖고 작용하면 그림 1.14a와 동등한 상태(M=P·e)이기 때문에 단면의 응력은 아래와 같다.

$$\sigma = -\frac{P}{bh} \pm \frac{(P \times e_x) \times \dfrac{b}{2}}{I_y}$$

단면에 인장응력이 발생하지 않으려면 응력이 0이하가 되어야 하므로

$$\sigma = -\frac{P}{bh} + \frac{6P \times e_x}{b^2 h} \leq 0$$

이며 따라서 편심거리는 아래의 조건을 만족해야 한다.

$$e_x \leq \frac{b}{6}$$

마찬가지로 y축방향으로 인장응력이 발생하지 않으려면 $e_y \leq \dfrac{h}{6}$ 이 되어야 한다. 인장응력을 발생시키지 않는 편심의 범위를 나타내면 그림 1.15b와 같고 이를 단면의 핵(core)이라 한다.

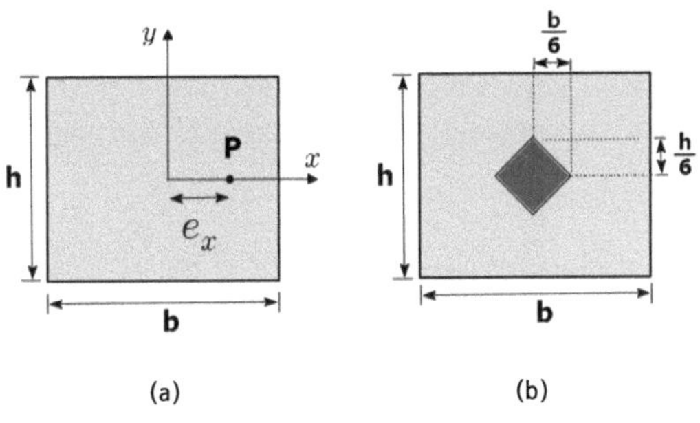

▍그림 1.15▍ 단면의 핵

예제 1.13

그림과 같이 보에 수직하중과 도심축에 축하중이 작용하고 있을 때 단면에 작용하는 최대 인장응력과 압축응력을 구하고 위치를 표시하시오. 단 $L = 100h$이다.

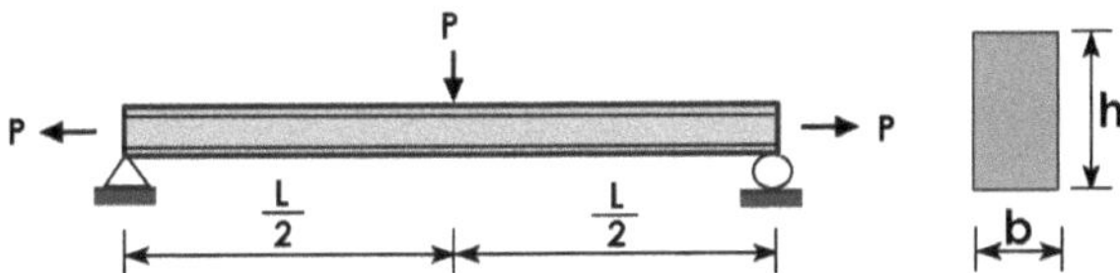

✪ 풀이

최대모멘트가 $\dfrac{PL}{4}$이므로 조합응력은

$$\sigma = \frac{p}{bh} \pm \frac{M}{\dfrac{bh^2}{6}} = \frac{p}{bh} \pm \frac{600p}{4bh}$$

$$\therefore \sigma = \frac{151p}{bh}, \quad \sigma = -\frac{149p}{bh}$$

이다.

따라서 최대 인장응력은 단면의 최하부에서 $\dfrac{151p}{bh}$이고, 최대 압축응력은 단면의 최상부에서 $-\dfrac{149p}{bh}$이다.

예제 1.14

그림과 같이 보에 수직하중과 도심축에 축하중이 작용하고 있을 때 단면에 작용하는 최대 인장응력과 압축응력을 구하고 위치를 표시하시오.

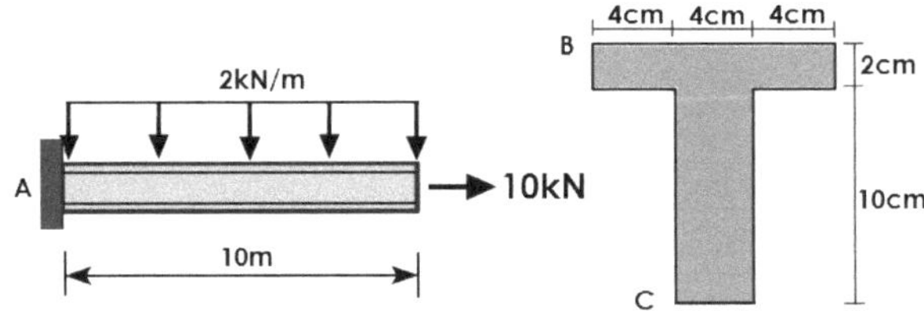

✪ 풀이

c점을 기준으로 산정한 T형 단면의 도심은

$$y_o = \frac{40\times 5 + 24\times(10+1)}{10\times 4 + 2\times 12} = 7.25\text{cm}$$

이고 단면2차모멘트는 도심축의 평행이동에 따른 공식($I = I_o + e^2 A$)을 이용하여

$$I = \frac{4\times 10^3}{12} + (7.25-5)^2\times 40 + \frac{12\times 2^3}{12} + (12-7.25-1)^2\times 24 = 881.3\,\text{cm}^4$$

이다. 모멘트가 최대인 A에서 조합응력은

$$\sigma = \frac{10}{64} \pm \frac{M\times y}{I}$$

최대 인장응력은 단면의 최상부인 B라인에서 생기므로

$$\sigma_B = \frac{10}{64} + \frac{M\times y}{I} = \frac{10}{64} + \frac{(100\times 10^2)\times 4.75}{881.3} = 54.05\text{kN/cm}^2$$

최대 압축응력은 단면의 최하부인 C라인에서 생기므로

$$\sigma_B = \frac{10}{64} - \frac{M\times y}{I} = \frac{10}{64} - \frac{(100\times 10^2)\times 7.25}{881.3} = -82.11\text{kN/cm}^2$$

예제 1.15

기둥의 단면(도심축 x-x)에 그림과 같이 압축하중이 작용할 때 A점과 C점의 응력을 구하시오.

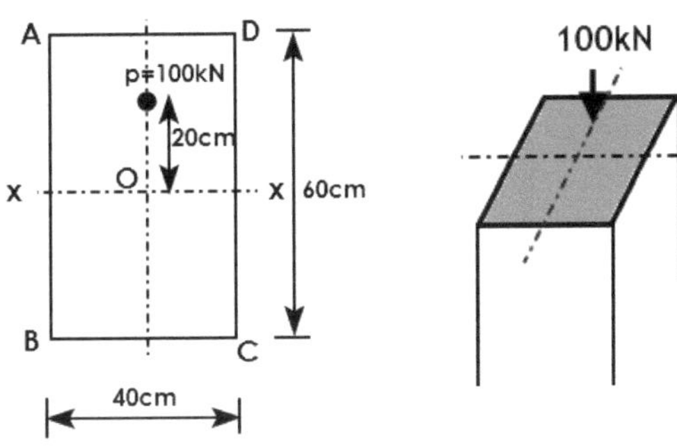

풀이

축하중을 중심점에 이동시키고 편심에 의한 모멘트 $(100\times 20\text{kN.cm})$를 x축 휨에 대하여 가한다.

A점과 C점의 조합응력은 다음과 같다.

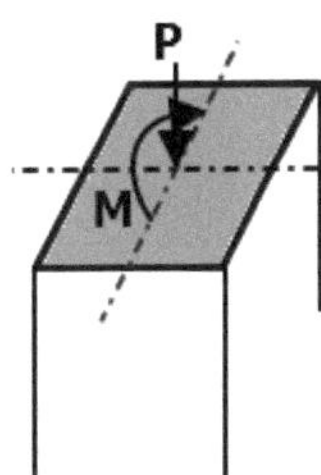

$$\sigma_A = -\frac{P}{bh} - \frac{M\times y}{I}$$

$$= -\frac{100}{40\times 60} - \frac{2{,}000\times 30}{7.2\times 10^5} = -0.125\text{kN/cm}^2(-1.25\text{MPa})$$

$$\sigma_c = -\frac{P}{bh} + \frac{M\times y}{I}$$

$$= -\frac{100}{40\times 60} + \frac{2{,}000\times 30}{7.2\times 10^5} = 0.0417\text{kN/cm}^2(0.417\text{MPa})$$

1.6 온도응력

물체는 온도가 상승함에 따라 팽창하려 한다. 부재의 온도가 변할 때 길이변화의 정도를 나타내는 계수를 선팽창계수라 하고 단위는 $(℃)^{-1}$이다. 콘크리트의 선팽창계수는 12×10^{-6}이고 철은 11×10^{-6}이다. 두 재료간의 선팽창계수가 비슷하여 철근을 콘크리트 안에 매입하여도 온도변화에 의한 두 재료간의 분리가 쉽게 일어나지 않고 철근콘크리트라는 새로운 복합체로 역할을 한다. 온도변화가 단면에서 일정한 경우에는 부재길이의 변화량은

$$\Delta L = \alpha \times L \times \Delta T$$

이다. 여기서 α는 선팽창계수, L은 부재의 원래 길이, ΔT는 온도의 변화량이다. 건물에서 구조체가 긴 경우 온도변화에 의한 길이변화에 의해 구조체에 균열이 생기는 경우가 있는데 이와 같은 현상을 방지하기 위해 구조체를 의도적으로 분리하여 시공하고 분리하여 만들어진 이음부를 신축이음(expansion joint)라 한다. 예를 들어 교량의 상판에도 톱니모양의 이음매를 볼 수 있는데 이것도 온도변화에 의한 상판 콘크리트의 신축을 자유롭게 하여 균열이 생기는 것을 방지하기 위함이다.

📖 예제 1.16

양단이 고정된 콘크리트 보에서 온도가 균일하게 40℃ 증가하였다. 보에 작용하는 응력을 구하시오. (단, 콘크리트의 탄성계수는 20GPa, 선팽창계수는 12×10^{-6}/℃)

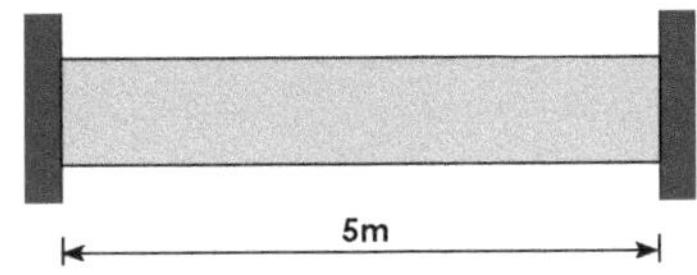

✪ 풀이

고정단 1개를 제거하면 온도증가에 의해 늘어나는 길이는

$$\Delta L_1 = \alpha \times L \times \Delta T$$

이다. 고정단은 보가 늘어나는 것을 막기 때문에 반력이 생기고 반력에 의해 줄어드는 길이는

$$\Delta L_2 = -\frac{PL}{EA} = -\frac{L}{E}\sigma$$

양단고정 보에서 길이변화가 생길 수 없으므로

$$\Delta L_1 + \Delta L_2 = 0$$

따라서 보에 작용하는 응력은

$$\therefore \sigma = \alpha E \Delta T = 12\times10^{-6}\times(20\times10^{9})\times40 = 9.6\text{MPa}$$

예제 1.17

콘크리트 기둥이 상부 지지단과 2mm간격을 두고 있을 때 콘크리트의 온도가 50℃ 증가하였다. 기둥에 작용하는 응력을 구하시오. (단, 콘크리트의 탄성계수는 20GPa, 선팽창계수는 12×10^{-6}/℃)

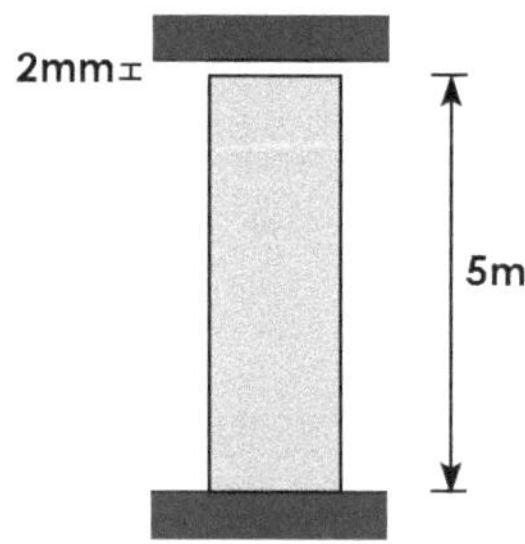

풀이

상부 지지단이 없을 때 기둥이 온도증가에 의해 늘어나는 길이는

$$\Delta L_1 = \alpha L \Delta T = 12\times10^{-6}\times5{,}000\times50 = 3\text{mm}$$

인데 응력을 받지 않고 늘어날 수 있는 거리는 2mm이고 나머지 1mm는 줄어야 하므로 기둥이 받는 응력은 다음과 같다.

$$\Delta L_2 = 0.001m = \frac{P}{A}\frac{L}{E} = \sigma\frac{L}{E}$$

$$\therefore \sigma = \frac{0.001\times E}{L} = \frac{0.001\times20\times10^9}{5} = 4\text{MPa}$$

1.7 주응력의 개념

일반적으로 부재에는 앞서 설명한 응력들이 개별적으로 작용하지 않고 동시에 작용한다. 보의 한 점(그림 1.16a)에 작용하는 응력을 응력의 종류와 방향을 구별하기 위해 그림 1.16b에 확대하여 작용하는 응력을 표시하였다. 그림에서 σ는 수직응력, τ_{xy}는 전단응력이며 첫 번째 첨자는 수직응력이 작용하는 축이고, 두 번째 첨자는 전단응력의 방향을 의미한다. 힘의 평형 조건에 의해 $\tau_{xy}=\tau_{yx}$이다. 현재의 응력상태에서 다른 방향으로의 응력을 구하려면 좌표축을 회전시키면 된다. 그림 1.16c는 좌표축을 θ만큼 회전시켜 구한 응력으로 아래와 같다.

$$\sigma_{x'}=\frac{\sigma_x+\sigma_y}{2}+\frac{\sigma_x-\sigma_y}{2}\cos 2\theta+\tau_{xy}\sin 2\theta$$

$$\tau_{x'y'}=-\frac{\sigma_x-\sigma_y}{2}\sin 2\theta+\tau_{xy}\cos 2\theta$$

$$\sigma_{y'}=\frac{\sigma_x+\sigma_y}{2}+\frac{\sigma_x-\sigma_y}{2}\cos 2\theta-\tau_{xy}\sin 2\theta$$

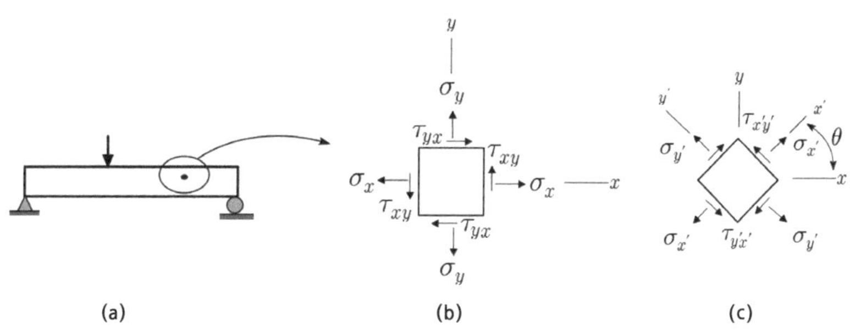

그림 1.16 응력상태의 표기와 기준축의 회전

미분식 $d\sigma_{x'}/d\theta = 0$을 이용하여 아래와 같은 수직응력의 최대값과 최소값을 구할 수 있고 이를 주응력(principal stress)이라 한다.

$$\sigma_1 = \frac{\sigma_x + \sigma_y}{2} + \sqrt{\left(\frac{\sigma_x - \sigma_y}{2}\right)^2 + \tau_{xy}^2}$$

$$\sigma_2 = \frac{\sigma_x + \sigma_y}{2} - \sqrt{\left(\frac{\sigma_x - \sigma_y}{2}\right)^2 + \tau_{xy}^2}$$

그리고 $d\sigma_{x'}/d\theta = 0$인 조건에서 $\tau_{x'y'} = 0$ 이다. 따라서 주응력이 작용하는 면에서 전단응력은 0이다. 아래에 3가지의 응력상태에 대하여 상기의 식을 이용하여 주응력을 구하고 응력상태를 아래 그림에 나타내었다.

1) 1축 수직응력: $\sigma_y = \tau_{xy} = 0$

$\sigma_1 = \sigma_x, \sigma_2 = 0$

2) 2축 수직응력: $\tau_{xy} = 0$

$\sigma_1 = \sigma_x, \sigma_2 = \sigma_y$

3) 순수 전단: $\sigma_x = \sigma_y = 0$

$\sigma_1 = \tau_{xy}, \sigma_2 = -\tau_{xy}$

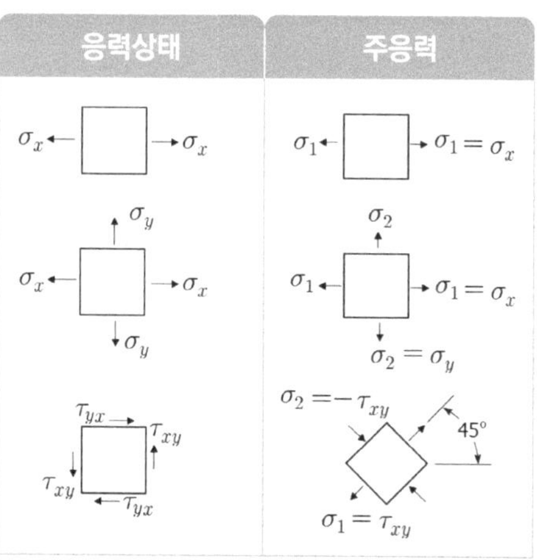

미분식 $d\tau_{x'y'}/d\theta = 0$을 적용하여 최대 전단응력과 그 때의 수직응력을 구하면

$$\tau_{x'y'}^{\max} = \sqrt{\left(\frac{\sigma_x - \sigma_y}{2}\right)^2 + \tau_{xy}^2}$$

$$\sigma_{x'} = \sigma_{y'} = \frac{\sigma_x + \sigma_y}{2}$$

으로 전단응력이 최대인 면에는 수직응력이 0이 아닐 수 있다. 단면상의 위치와 보의 길이방향 위치에 따라 수직응력, 전단응력의 크기가 달라지므로 주응력의 크기가 달라진다. 그림 1.17a에는 단순보에 집중하중이 작용 할 때 전단력도와 모멘트도를 나타냈다. 하중의 왼쪽과 오른쪽에 6개의 위치에서의 응력을 전단력과 모멘트의 부호(±)에 맞추어 그림 1.17b에 나타냈고 각 위치에서의 주응력을 그림 1.17c에 표시하였다.

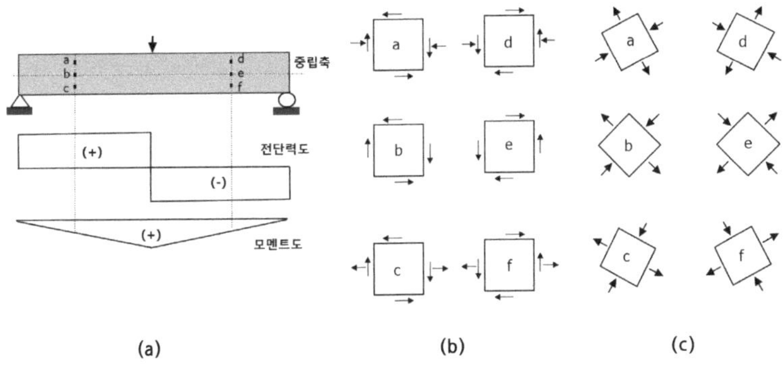

| 그림 1.17 | 보의 부재력에 의한 응력상태와 주응력의 방향

보 경간 및 단면상의 위치에 따른 주응력의 방향 변화를 살펴보기 위해 그림 1.17c의 주응력을 그림 1.18에 나타냈다. 주응력의 화살표 방향은 인장과 압축을 의미하기 때문에 재료가 어느 방향으로 주된 응력을 받고 있는지를 알 수 있다. 압축 주응력의 방향을 연결하여 선을 그리면 그림 1.18a와 같고, 인장 주응력의 방향을 연결하여 선을 그리면 그림 1.18b와 같다. 인장, 압축주응력선을 함께 그리면 그림 1.18c와 같다. 최대

수직응력의 방향을 나타내는 것이 주응력선이기 때문에 주응력선의 분포를 보면 파괴양상을 예측할 수 있다. 철근콘크리트 보에서 전단보강을 하지 않는 경우 그림 1.18c와 같이 사인장 균열이 발생하여 전단파괴가 일어나는데 이를 방지하기 위해 전단철근(스터럽)을 배근한다.

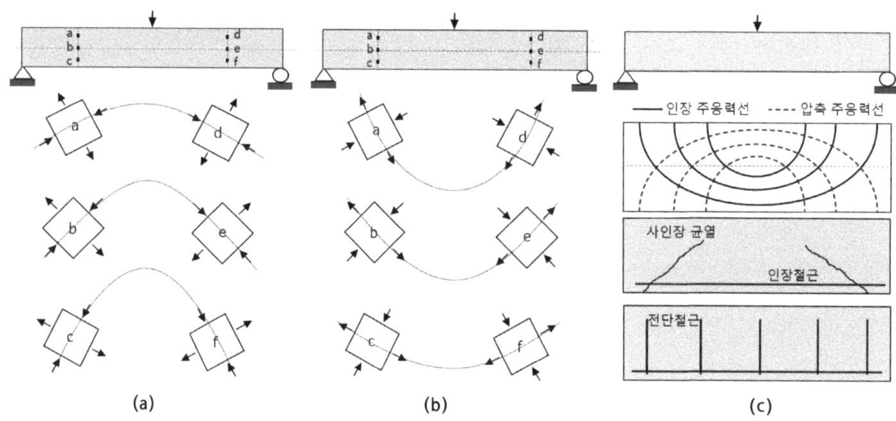

▌그림 1.18▐ 주응력의 방향과 주응력선의 분포

예제 1.18

다음과 같은 응력 상태일 때 최대전단응력을 구하고 그 때의 주응력을 구하시오.

1) $\sigma_x = \sigma, \sigma_y = \sigma$

2) $\sigma_x = \sigma, \sigma_y = -\sigma$

3) $\sigma_x = -\sigma, \sigma_y = \sigma$

4) $\sigma_x = -\sigma, \sigma_y = -\sigma$

✪ 풀이

$\tau_{xy} = 0$이므로 $\tau_{x'y'} = -\dfrac{\sigma_x - \sigma_y}{2} sin2\theta$, $\sigma_{x'} = \sigma_{y'} = \dfrac{\sigma_x + \sigma_y}{2} + \dfrac{\sigma_x - \sigma_y}{2}\cos 2\theta$이 된다.

$\theta = 45°$ 일 때 $\tau_{x'y'}^{\max} = -\dfrac{\sigma_x - \sigma_y}{2}$이고 그 때 수직응력은$\sigma_{x'} = \sigma_{y'} = \dfrac{\sigma_x + \sigma_y}{2}$이다.

1) $\tau_{x'y'}^{\max} = -\dfrac{\sigma - \sigma}{2} = 0, \quad \sigma_{x'} = \sigma_{y'} = \dfrac{\sigma + \sigma}{2} = \sigma$

2) $\tau_{x'y'}^{\max} = -\dfrac{\sigma - (-\sigma)}{2} = -\sigma, \quad \sigma_{x'} = \sigma_{y'} = \dfrac{\sigma + (-\sigma)}{2} = 0$

3) $\tau_{x'y'}^{\max} = -\dfrac{-\sigma - \sigma}{2} = \sigma, \quad \sigma_{x'} = \sigma_{y'} = \dfrac{-\sigma + \sigma}{2} = 0$

4) $\tau_{x'y'}^{\max} = -\dfrac{-\sigma - (-\sigma)}{2} = 0, \quad \sigma_{x'} = \sigma_{y'} = \dfrac{-\sigma + (-\sigma)}{2} = -\sigma$

연습문제

1.1(**)

콘크리트 충전 강관기둥에 $P = 1{,}000\mathrm{kN}$의 축력이 작용할 때 (1)콘크리트와 강관에 작용하는 힘, (2)기둥의 길이변화를 구하시오

(단, 기둥의 좌굴은 없다고 가정하고 기둥의 길이는 6m,

$E_{st} = 200\mathrm{GPa}$, $E_c = 20\mathrm{GPa}$이다)

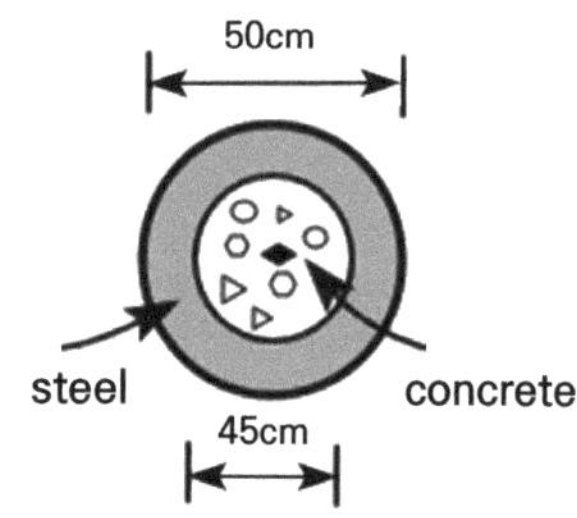

1.2(**)

그림과 같이 4본의 D29철근이 배근되어 있는 콘크리트 기둥에 $P = 100\mathrm{kN}$의 축력이 작용할 때 콘크리트와 철근에 작용하는 힘을 구하시오

(단, 철근 및 콘크리트의 탄성계수는 각각 200GPa, 20GPa이고, 철근 D29 1본의 단면적은 $6.4\mathrm{cm}^2$이다)

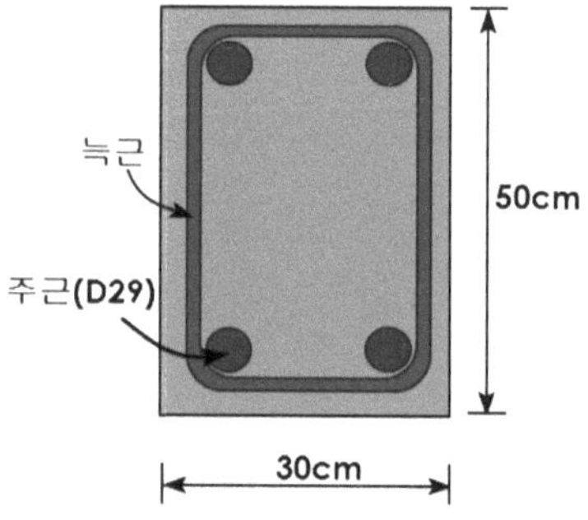

1.3(***)

문제1.2와 같은 철근콘크리트 단면에서 기둥에 가할 수 있는 최대 축하중의 크기는 얼마인가?. 단, 철근과 콘크리트의 허용응력은 40kN/cm^2, 3kN/cm^{2}이다.

1.4

직경이 15cm이고 길이가 30cm인 원형공시체에 축력 200kN이 작용하여 길이가 0.2mm 줄었고 직경은 0.02mm 늘었다. 재료의 탄성계수와 프아송비를 구하시오.

1.5(*)

길이가 4m이고 직경이 100mm인 원형기둥에서 기둥에 허용되는 응력이 200N/mm^{2}이고 기둥의 길이변화가 5mm이내여야 한다면 기둥에 가할 수 있는 최대 축하중은 얼마인가?. 단, 탄성계수는 200kN/mm^{2}이다.

1.6(**)

강체 보가 줄A과 줄B에 의해 지지되고 있다. 와이어에 작용하는 힘은 얼마인가?. 단 줄의 길이는 같고 줄A의 단면적은 줄B의 1/2이다.

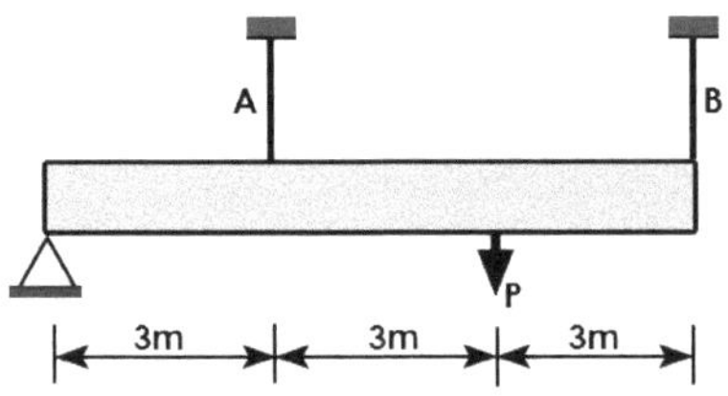

1.7(*)

다음 보에서 최대 압축응력과 인장응력을 구하시오.

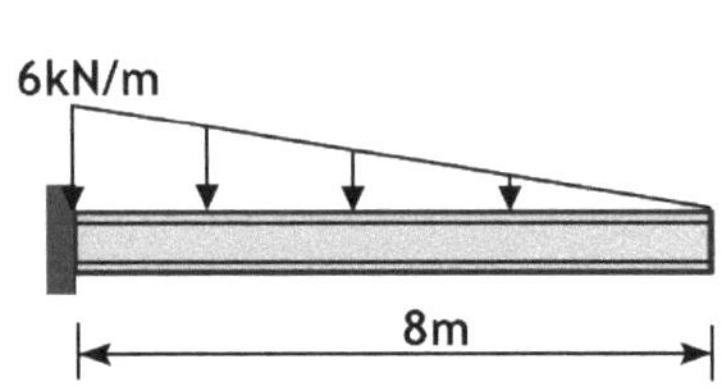

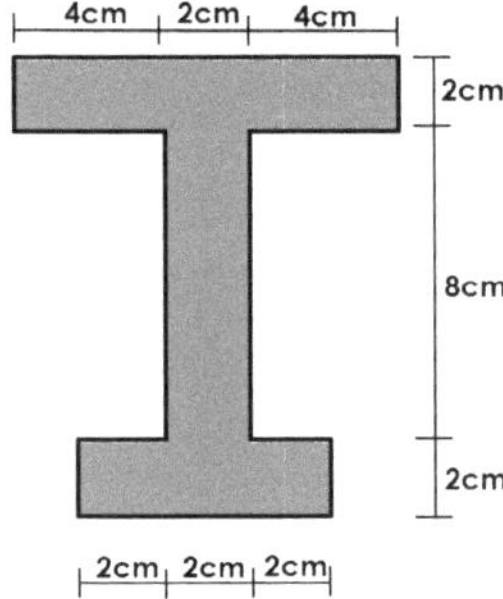

1.8(*)

아래의 단면에 20kN의 전단력이 작용하고 있는데 최대전단응력은 얼마인가?

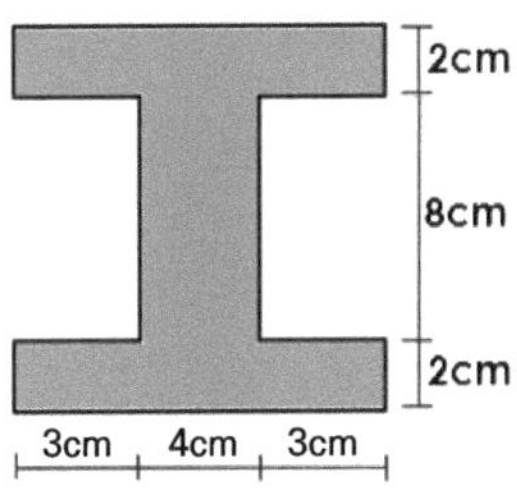

1.9(**)

그림과 같이 보에 분포하중과 축하중이 작용하고 있는데 축하중이 도심축에 작용하지 않고 그림과 같이 도심축의 15cm 상부에 작용할 때 단면에 작용하는 최대 인장응력과 압축응력을 구하시오.

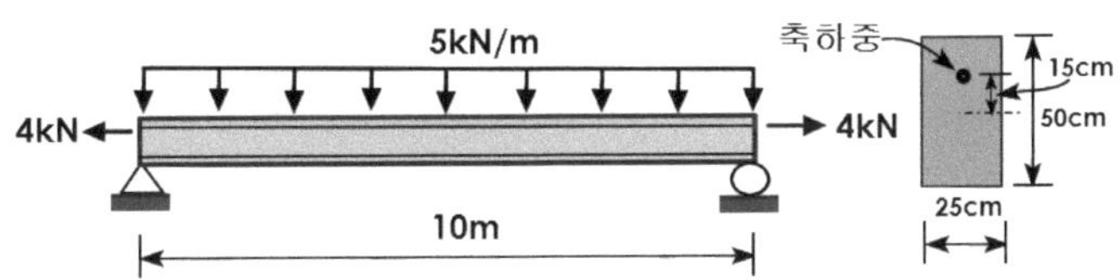

제 2 장

보의 처짐

2.1 보의 변형과 사용성

2.2 탄성곡선법

2.3 공액보법

2.4 모멘트면적법

2.5 가상일법

2.6 변형의 중첩원리

2.1 보의 변형과 사용성

골조(frame)에서 수평(또는 경사지게)으로 배치되어 있는 부재를 보라 한다. 보의 역할은 수직방향의 하중을 수평적으로 전달하는 것이고 보의 양단에는 전단력 또는 모멘트가 전달되도록 구조부재가 연결되어야 한다. 보는 구조체에서 아래와 같이 다양한 명칭으로 불리는데 역할은 동일하다.

1) 작은 보, 큰 보(그림 2.1): 건물에서 바닥 골조를 구성하는 부재로 기둥과 만나는 보는 큰 보(girder), 큰 보와 직각방향으로 배치한 보를 작은 보(beam)라 한다. 구조평면도에는 보(B, G), 기둥(C), 슬래브(S)의 번호를 붙여 부재 리스트에 상세내용을 표기한다.

철골조 건물의 골조

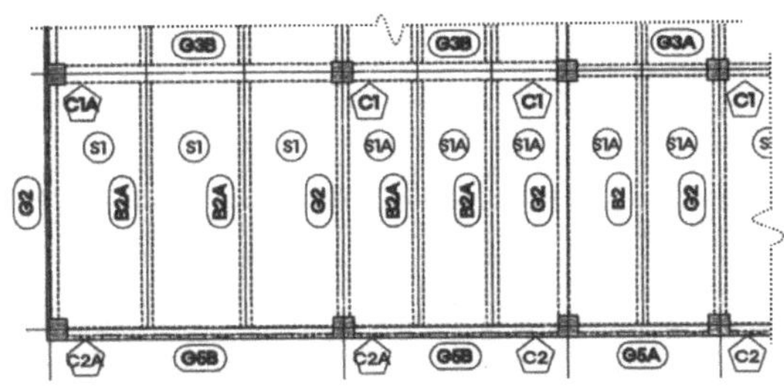

RC조 건물의 구조평면도

❙ 그림 2.1 ❙ 평면골조에서 작은 보와 큰 보의 배치

2) 중도리, 멍에, 장선, 인방, 띠장(그림 2.2): 중도리는 지붕에 작용하는 하중을 주골조에 전달하는 역할을 한다. 띠장은 벽체 부분에 기둥과 연결되어 벽체에 작용하는 수평하중인 풍하중을 기둥으로 전달한다. 창문틀에서 위의 벽체에 의한 하중을 좌우로 전달하는 보를 인방이라 한다. 콘크리트 공사에서 거푸집을 제작할 때 동바리에 지지되는 부재를 멍에라 하고 직교하는 방향으로 멍에 위에 놓이는 부재를 장선이라 한다.

▌그림 2.2▐ 보의 역할을 하는 부재

보에는 고정하중, 활하중 등이 작용하여 보가 휘게 되면 사용자는 공간을 사용하는데 불편을 느낀다. 그래서 구조설계시 보의 처짐이나 슬래브의 처짐을 일정한 값 이하로 제한하고 있다. 예를 들어 철골구조에서 최대처짐을 보 스팬의 1/300을 초과하지 않도록 제한한다. 이 제한치는 부재의 위치와 용도에 따라 다르다. 보나 슬래브가 외력을 견디는 성능, 즉 강도(strength)가 충분하더라도 부재의 변형이 심하면 즉, 강성(stiffness)이 충분하지 않으면 부재의 크기를 재설정하여 사용성(serviceability)에 문제가 없도록 해야 한다. 사용성은 주로 처짐을 검토하나 때로는 진동(vibration)도 검토해야 한다.

2.2 탄성곡선법

보의 처짐을 산정하는 방법에는 여러 가지가 있는데 보가 휜 형태를 식으로 나타내어 보의 어느 위치에서든 처짐값을 구하는 방법이 탄성곡선법이다. 1.4절에서 보의 휨응력을 구하는데 보의 변형(그림1.11)을 이용하였다. 여기서도 같은 기하학적 원리로 처짐곡선을 구하기 때문에 그림2.3a에 동일한 보의 처짐형태를 나타내었다.

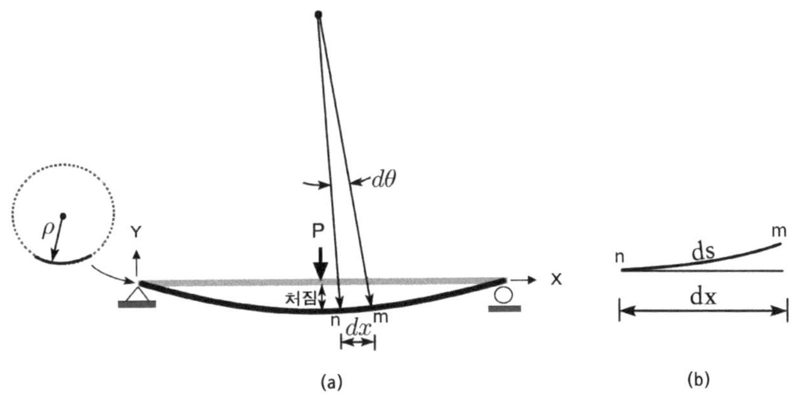

❙ 그림 2.3 ❙ 보의 처짐곡선과 미소부분

그림 2.3b의 점n에서 곡선의 기울기(회전각 또는 처짐각)는

$$\frac{dy}{dx} = \tan\theta$$

인데 보의 처짐은 일반적으로 보의 길이에 비해 아주 작은 값이라 $\tan\theta \approx \theta\ (\theta : radian)$로 가정할 수 있고 따라서 $\frac{dy}{dx} = \theta$가 된다.

미소부분 원호의 길이는

$$ds = \rho d\theta$$

이고 반경의 역수인 곡률은

$$\frac{1}{\rho} = \frac{d\theta}{ds}$$

이다. 그리고 처짐이 매우 작기 때문에 회전각(또는 처짐각) 또한 매우 작아서 $ds \approx dx$으로 가정할 수 있다. 따라서 곡률은 다음과 같이 나타낼 수 있다.

$$\frac{1}{\rho} = \frac{d\theta}{dx}$$

1.4절에서 구한 모멘트와 곡률과의 관계($\frac{1}{\rho} = \frac{M}{EI}$)에 의해 모멘트와 회전각과의 관계는 다음과 같이 나타낼 수 있다.

$$\frac{d\theta}{dx} = \frac{M}{EI}$$

상기의 식을 적분하면 아래와 같이 회전각을 구할 수 있다.

$$\int \frac{d\theta}{dx}\,dx = \int \frac{M}{EI}\,dx$$

$$\therefore \theta = \int \frac{M}{EI} dx$$

그리고 $\frac{dy}{dx} = \theta$이므로 양변을 적분하면 아래와 같이 처짐을 구할 수 있다.

$$\int \frac{dy}{dx} dx = \int \theta\, dx$$

$$\therefore y = \int \left(\int \frac{M}{EI} dx \right) dx$$

모멘트를 두 번 적분하면 처짐을 구할 수 있어 탄성곡선법을 이중적분법이라고도 한다. 탄성곡선법은 부정적분을 하기 때문에 적분상수가 나오는데 이를 정하기 위해서는 지지점의 조건, 변형의 대칭 등을 이용하여야 한다.

📖 예제 2.1

다음 보에서 보의 회전각과 처짐에 대한 식을 구하시오.

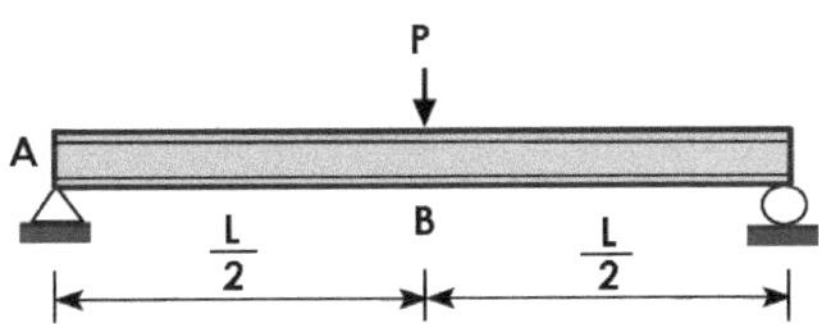

✪ 풀이

대칭구조로 AB구간($0 \le x \le \frac{L}{2}$)만 곡선식을 구한다. 아래 그림에서 모멘트 평형조건에 의해 $M = \frac{p}{2}x$ 이므로 모멘트를 부정적분하면 회전각과 처짐은 다음과 같다.

$$\theta = \int \frac{M}{EI}dx = \int \frac{p}{2EI}x\,dx = \frac{p}{4EI}x^2 + c_1$$

$$y = \int (\frac{p}{4EI}x^2 + c_1)dx = \frac{p}{12EI}x^3 + c_1 x + c_2$$

적분상수 c_1, c_2를 정하기 위해 아래의 2가지 경계조건을 적용한다.

1) $x = 0$일 때 처짐이 0이므로 $c_2 = 0$,

2) 보의 처짐곡선이 대칭이면 $x = \frac{L}{2}$에서 회전각이 0이므로 $c_1 = -\frac{pL^2}{16EI}$ 이다.

따라서 회전각과 처짐에 대한 식은

$$\theta = \frac{p}{4EI}(x^2 - \frac{L^2}{4})$$

$$y = \frac{p}{4EI}(\frac{1}{3}x^3 - \frac{L^2}{4}x)$$

이다. 최대 회전각은 $x = 0$일 때, 최대 처짐은 $x = \frac{L}{2}$일 때 이므로 최대 회전각과 처짐은 아래와 같다.

$$\theta_{\max} = -\frac{pL^2}{16EI}, \quad y_{\max} = -\frac{pL^3}{48EI}$$

예제 2.2

다음 보에서 최대 회전각과 처짐을 구하시오.

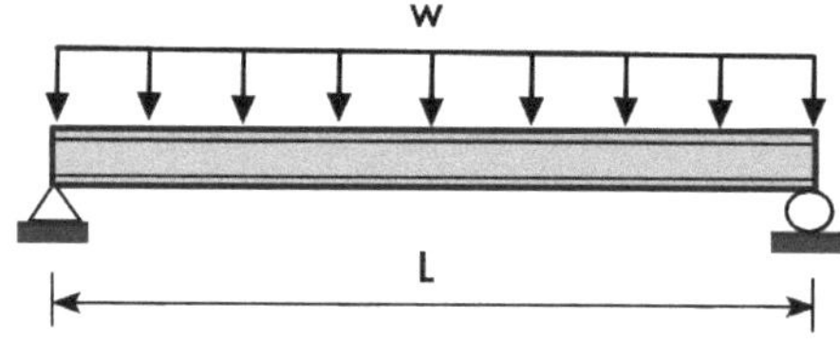

✪ 풀이

아래 그림에서 $M=\dfrac{wL}{2}x-\dfrac{w}{2}x^2$ 이므로 모멘트를 부정적분하면 회전각과 처짐은 다음과 같다.

$$\theta=\frac{1}{2EI}\int(wLx-wx^2)\,dx=\frac{w}{2EI}(\frac{L}{2}x^2-\frac{1}{3}x^3)+c_1$$

$$y=\int[\frac{w}{2EI}(\frac{L}{2}x^2-\frac{1}{3}x^3)+c_1]dx$$

$$=\frac{w}{2EI}(\frac{L}{6}x^3-\frac{1}{12}x^4)+c_1x+c_2$$

적분상수 c_1, c_2를 정하기 위해 아래의 경계조건을 적용한다.

1) $x=0$일 때 처짐이 0이므로 $c_2=0$ 이고,

2) 처짐곡선이 대칭이라 $x=\dfrac{L}{2}$에서 회전각이 0이므로 $c_1=-\dfrac{wL^3}{24EI}$ 이다.

따라서 회전각과 처짐곡선은

$$\theta=\frac{w}{2EI}(\frac{L}{2}x^2-\frac{1}{3}x^3)-\frac{wL^3}{24EI}$$

$$y=\frac{w}{2EI}(\frac{L}{6}x^3-\frac{1}{12}x^4)-\frac{wL^3}{24EI}x$$

이다. 최대 회전각은 $x=0$일 때, 최대 처짐은 $x=\dfrac{L}{2}$일 때이므로 최대 회전각과 처짐은 다음과 같다.

$$\theta_{\max}=-\frac{wL^3}{24EI},\quad y_{\max}=-\frac{5wL^4}{384EI}$$

예제 2.3

다음 보에서 최대 회전각과 처짐을 구하시오.

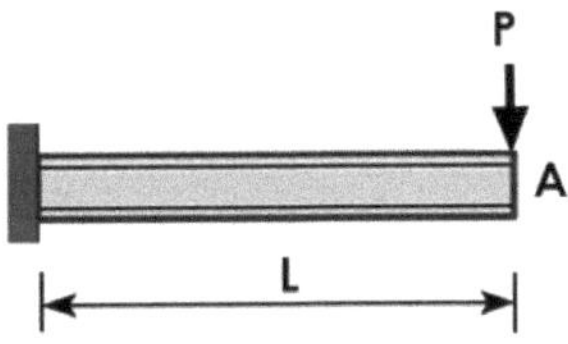

풀이

아래 그림에서 $M = p\,x - p\,L$ 이므로 모멘트를 부정적분하면 회전각과 처짐은 다음과 같다.

$$\theta = \frac{p}{EI}\int (x - L)\,dx = \frac{p}{EI}\left(\frac{1}{2}x^2 - Lx\right) + c_1$$

$$y = \int \left[\frac{p}{EI}\left(\frac{1}{2}x^2 - Lx\right) + c_1\right]dx$$
$$= \frac{p}{EI}\left(\frac{1}{6}x^3 - \frac{L}{2}x^2\right) + c_1 x + c_2$$

경계조건은 $x = 0$일 때 처짐과 회전각이 0이므로 $c_1 = c_2 = 0$. 따라서 회전각과 처짐곡선은

$$\theta = \frac{p}{EI}\left(\frac{1}{2}x^2 - Lx\right)$$

$$y = \frac{p}{EI}\left(\frac{1}{6}x^3 - \frac{L}{2}x^2\right)$$

이다. 최대 회전각과 처짐은 $x = L$일 때 이므로 최대 회전각과 처짐은 다음과 같다.

$$\theta_{\max} = -\frac{pL^2}{2EI}, \quad y_{\max} = -\frac{pL^3}{3EI}$$

예제 2.4

A점과 B점에서 회전각과 처짐을 구하시오.

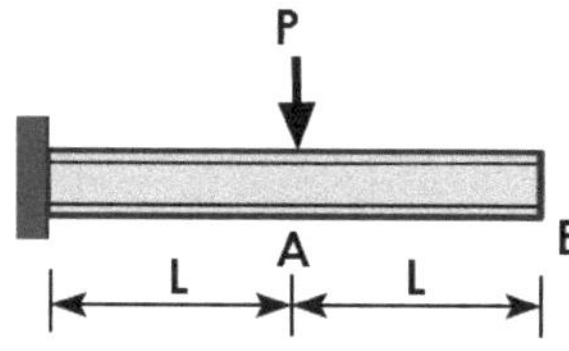

풀이

1) $0 \le x \le L$

아래 그림에서 $M = px - pL$ 으로 회전각과 처짐은 다음과 같다.

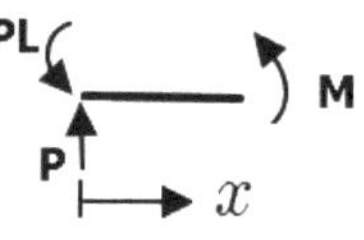

$$\theta_1 = \frac{p}{EI}\int (x-L)\,dx = \frac{p}{EI}(\frac{1}{2}x^2 - Lx) + c_1$$

$$y_1 = \int (\frac{p}{EI}[\frac{1}{2}x^2 - Lx] + c_1)dx$$
$$= \frac{p}{EI}(\frac{1}{6}x^3 - \frac{L}{2}x^2) + c_1 x + c_2$$

2) $L \le x \le 2L$

이 구간에서 $M = 0$ 으로 회전각과 처짐은 다음과 같다.

$$\theta_2 = c_3$$

$$y_2 = \int c_3 dx$$
$$= c_3 x + c_4$$

적분상수를 정하기 위해 아래 4가지의 경계조건을 적용한다.

(1) $x = 0$일 때 처짐과 회전각이 0이므로 $c_1 = c_2 = 0$이고,

(2) $x = L$에서 $\theta_1 = \theta_2$, $y_1 = y_2$이므로 $c_3 = -\frac{pL^2}{2EI}$, $c_4 = \frac{pL^3}{6EI}$ 이다.

따라서 A, B점에서의 회전각과 처짐은 다음과 같다.

$$\theta_A = -\frac{pL^2}{2EI},\ y_A = -\frac{pL^3}{3EI} \qquad \theta_B = -\frac{pL^2}{2EI},\ y_B = -\frac{5pL^3}{6EI}$$

📖 예제 2.5

다음 보에서 최대 회전각과 처짐을 구하시오.

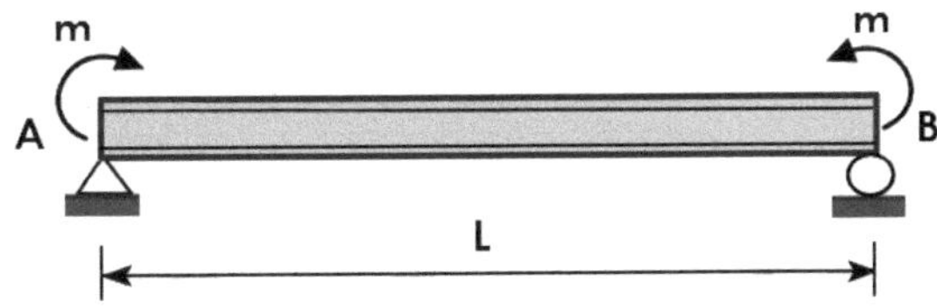

✪ 풀이

아래 그림에서 $M = m$이고 회전각과 처짐은 다음과 같다.

$$\theta = \int \frac{m}{EI} dx = \frac{m}{EI} x + c_1$$

$$y = \int \left(\frac{m}{EI} x + c_1 \right) dx = \frac{m}{2EI} x^2 + c_1 x + c_2$$

적분상수 c_1, c_2를 정하기 위해 2가지 경계조건을 적용한다.

1) $x = 0$일 때 처짐이 0이므로 $c_2 = 0$ 이고

2) 보의 처짐이 대칭이므로 $x = \frac{L}{2}$에서 회전각이 0이며 따라서 $c_1 = -\frac{mL}{2EI}$ 이다.

회전각과 처짐에 대한 식은 다음과 같다.

$$\theta = \frac{m}{EI} x - \frac{mL}{2EI}$$

$$y = \frac{m}{2EI} x^2 - \frac{mL}{2EI} x$$

최대 회전각은 $x = 0$일 때, 최대 처짐은 $x = \frac{L}{2}$일 때 이므로 최대 회전각과 처짐은 아래와 같다.

$$\theta_{\max} = -\frac{mL}{2EI}, \quad y_{\max} = -\frac{mL^2}{8EI}$$

예제 2.6

C점에서 회전각과 처짐을 구하시오.

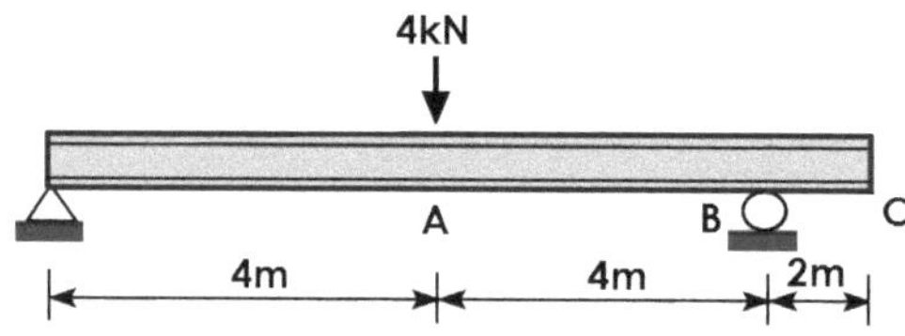

풀이

모멘트가 3개 구간으로 나뉘어 처짐식을 구하는 과정이 복잡하다. BC구간에서 모멘트가 0이라서 처짐식은 1차직선이고 C점의 회전각은 B점과 같다. 예제2.1에서 구한 B점의 회전각을 이용하면 C점의 회전각은

$$\theta_C = \frac{pL^2}{16EI} = \frac{16}{EI}$$

이다. C점의 처짐은 B점의 회전각에 BC길이를 곱하면 되므로

$$\therefore y_C = \frac{16}{EI} \times 2 = \frac{32}{EI}$$

2.3 공액보법

보의 전체 구간이 아니고 특정한 위치에서 회전각이나 처짐을 구하고자 할 때 비교적 간단한 공액보법이 있다. 이 방법은 실제의 보와 실제의 보로부터 만들어 내는 가상의 보(공액보)를 생각해야 한다. 표2.1에서 보는 바와 같이 보의 하중을 적분하여 전단력과 모멘트를 구하였고, 2.2절에서 모멘트의 적분을 통해 회전각과 처짐을 구하였다. 부재력과 변형을 구하는 과정에는 유사성이 있는데 즉, 앞의 항목을 적분하여 다음 항목을 구하는 것이다.

| 표 2.1 | 하중과 부재력의 관계와 모멘트와 변형의 관계

부재력	w	→ 적분 →	$V=\int wdx$	→ 적분 →	$M=\int\int wdx$
변형	$\frac{M}{EI}$	→ 적분 →	$\theta=\int\frac{M}{EI}dx$	→ 적분 →	$y=\int\int\frac{M}{EI}dx$

표2.2에서 공액보의 하중으로 w 대신 모멘트도(M/EI)를 적용하여 전단력을 구하면 보의 회전각이 되고 모멘트를 구하면 보의 처짐이 되는 원리가 공액보법이다.

| 표 2.2 | 공액보법의 원리

공액보 부재력		→ 적분 →	$V=\int\frac{M}{EI}dx$	→ 적분 →	$M=\int\int\frac{M}{EI}dx$
	↑		‖		‖
변형	$\frac{M}{EI}$	→ 적분 →	$\theta=\int\frac{M}{EI}dx$	→ 적분 →	$y=\int\int\frac{M}{EI}dx$

공액보법은 공액보에서 전단력과 모멘트가 존재해야 회전각과 처짐을 구할 수 있다. 그런데 보에서 부재력이 존재하는 위치와 변형이 생기는 위치가 다른 지지상태가 있다.

예를 들어, 캔틸레버의 자유단에서 처짐을 구하고자 할 때 공액보의 자유단에서 모멘트가 0이므로 처짐이 0이 된다. 따라서, 공액보의 지지상태가 실제보와 다를 필요가 있다. 다시 말해 실제보의 임의의 점에서 회전각(또는 처짐)을 구하기 위해 공액보의 그 점에서 전단력(또는 모멘트)이 존재해야 한다. 실제보의 변형과 공액보의 부재력이 대응되도록 공액보의 지지조건을 아래 설명과 표2.3에 나타내었다.

1) 단순지지에서 회전각≠0, 처짐=0이고 전단력≠0, 모멘트=0이라 변경할 필요없음
2) 자유단에서 회전각과 처짐≠0이나 전단력과 모멘트=0이라 고정단으로 변경함
3) 고정단에서 회전각과 처짐=0이나 전단력과 모멘트≠0이라 자유단으로 변경함
4) 연속단의 지지점에서 회전각≠0, 처짐=0이나 모멘트≠0이라 내부힌지로 변경함
5) 연속단의 힌지에서 회전각과 처짐≠0이나 모멘트=0이라 내부지지점으로 변경함

| 표 2.3 | 실제보에 대응하는 공액보

	실제보		공액보	
	지지단	변형	부재력	지지단
1		$\theta \neq 0,\ \Delta = 0$	$V \neq 0,\ M = 0$	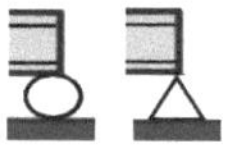
2		$\theta \neq 0,\ \Delta \neq 0$	$V \neq 0,\ M \neq 0$	
3		$\theta = 0,\ \Delta = 0$	$V = 0,\ M = 0$	
4	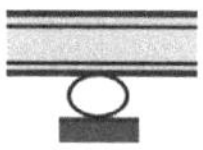	$\theta \neq 0,\ \Delta = 0$	$V \neq 0,\ M = 0$	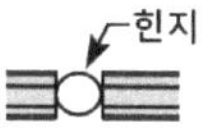 힌지
5	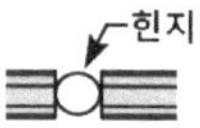 힌지	$\theta \neq 0,\ \Delta \neq 0$	$V \neq 0,\ M \neq 0$	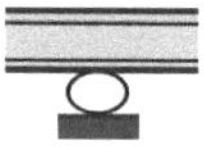

공액보법을 적용하는 순서는 다음과 같다.

1) 실제보의 모멘트도를 그린다.

2) 실제보의 지지점을 바꾸어 공액보를 설정한다.

3) 공액보에 실제보의 모멘트도를 하중으로 작용시킨다.

4) 회전각이나 처짐을 구하고자 하는 점에서 공액보의 전단력이나 모멘트를 구한다.

예제 2.7

다음 보의 최대 회전각과 처짐을 구하시오.

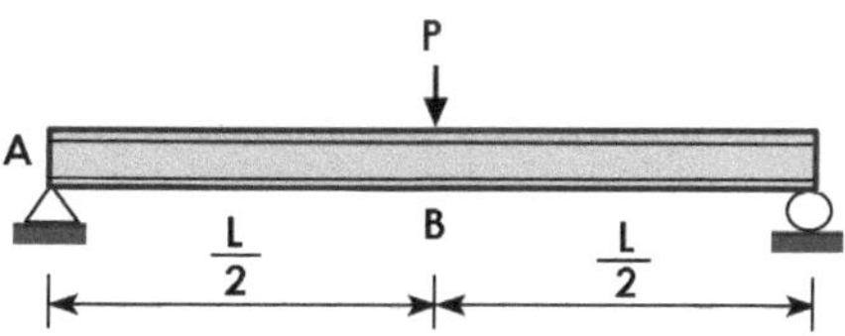

풀이

예제2.1의 문제로 표2.3에서 보듯이 공액보의 지지상태는 변함이 없고 실제보의 모멘트도를 하중으로 작용한 공액보는 아래 그림과 같다(모멘트도를 하중으로 가하는데 아래의 왼쪽 또는 오른쪽 그림과 같이 그리고 (+)모멘트는 하중을 윗방향으로 나타내었다). 회전각의 최대는 A점에서 발생하고 처짐의 최대값은 B점에서 생기므로 공액보의 A점에서 전단력을 구하고 B점에서 모멘트를 구하면 된다.

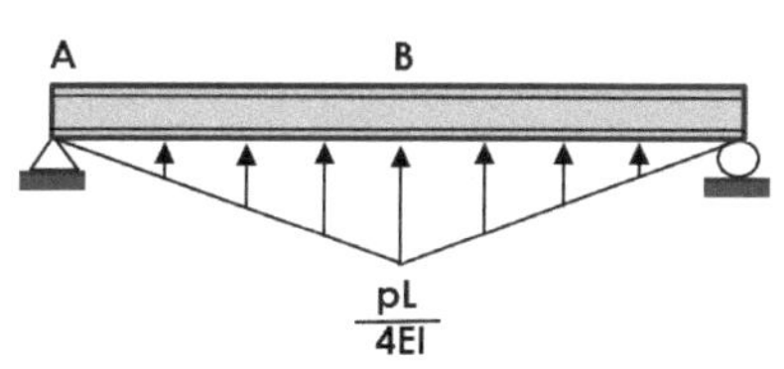

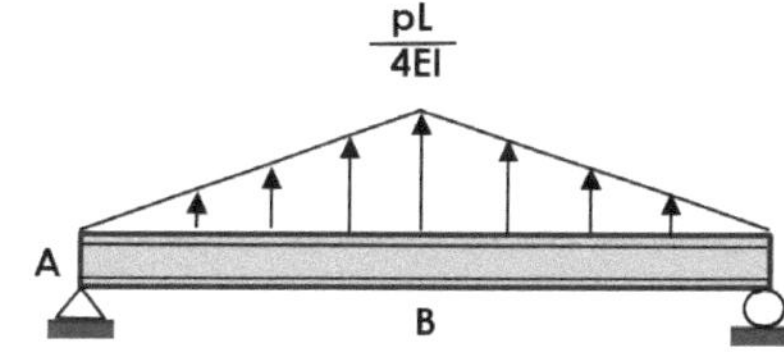

A점의 전단력(↓방향)은 삼각형면적의 절반이므로 회전각은 다음과 같다.

$$\theta_A = -\frac{pL}{4EI}\times\frac{L}{2}\times\frac{1}{2} = -\frac{pL^2}{16EI}$$

B점의 모멘트(M_B)는 우측 그림에서 짝힘($\frac{pL^2}{16EI}$)이 만드는 모멘트와 같으므로 B점의 처짐은 다음과 같다.

$$y_B = -\frac{pL^2}{16EI}\times\frac{L}{2}\times\frac{2}{3} = -\frac{pL^3}{48EI}$$

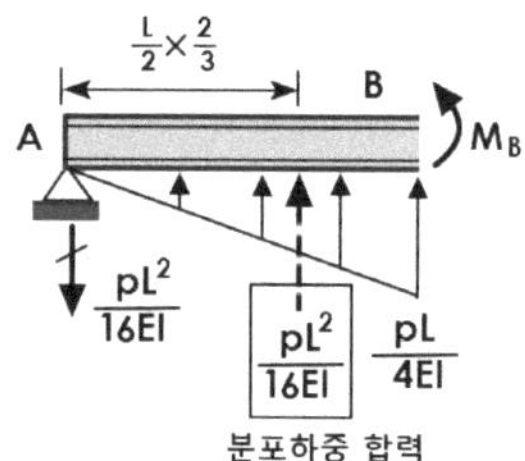

예제 2.8

다음 보의 최대 회전각과 처짐을 구하시오.

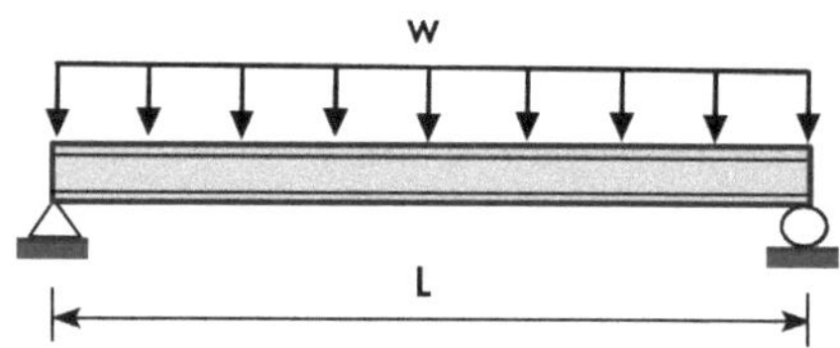

✪ 풀이

예제 2.2의 문제로 공액보의 지지상태는 변함이 없고 공액보는 아래 그림과 같다. A점의 전단력은 2차포물선의 AB구간 면적과 같으므로 포물선 아래의 면적과 면적의 중심을 알아야 한다.

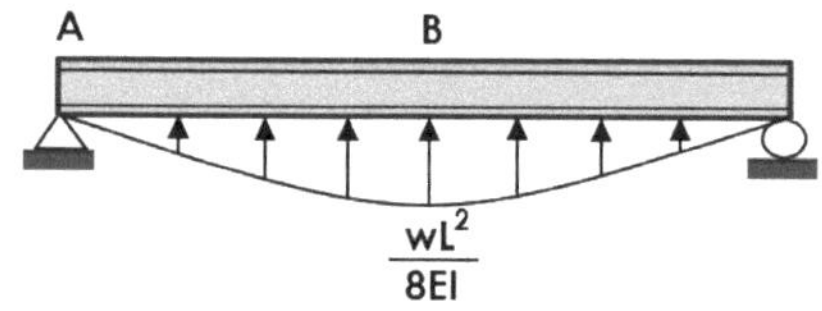

참고사항: 2차 및 3차 함수 곡선으로 둘러싸인 면적과 중심

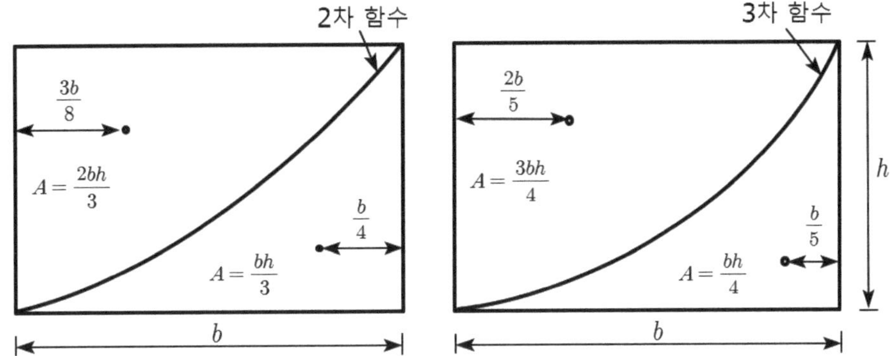

평형조건을 적용해 구한 A점의 반력(↓방향)은 포물선의 면적이므로 A점의 회전각은 다음과 같다.

$$\theta_A = -\frac{2}{3}\times\frac{wL^2}{8EI}\times\frac{L}{2} = -\frac{wL^3}{24EI}$$

B점의 모멘트(M_B)는 아래 그림에서 짝힘($\frac{wL^3}{24EI}$)이 만드는 모멘트와 같으므로 다음과 같다.

$$y_B = -\frac{wL^3}{24EI}\times\frac{L}{2}\times\frac{5}{8} = -\frac{5wL^4}{384EI}$$

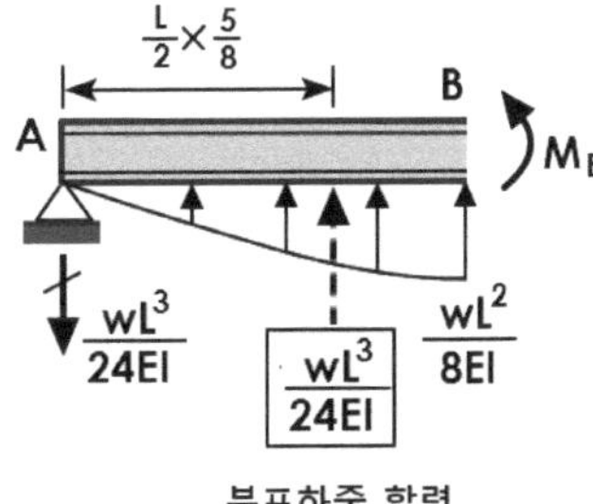

예제 2.9

A점에서 회전각과 처짐을 구하시오.

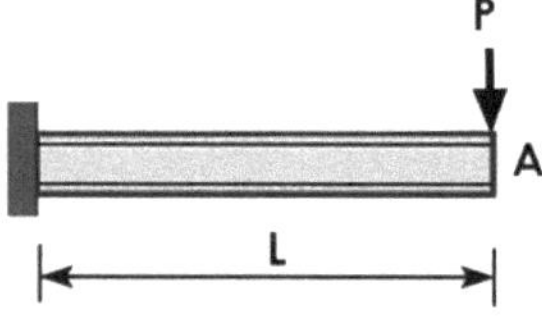

풀이

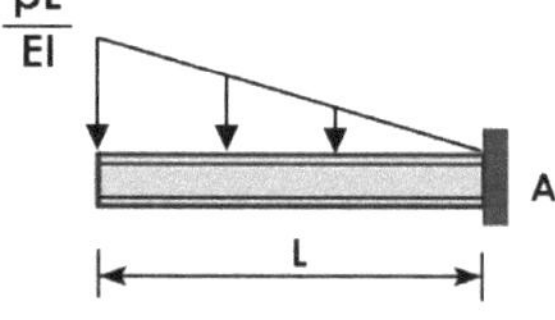

예제2.3과 같은 문제로 공액보는 다음과 같다. A점의 전단력(전단력 부호에서 오른쪽의 ↑방향은 - 임)은 고정단의 반력이므로 회전각은 다음과 같다.

$$\theta_A = -\frac{pL}{EI} \times L \times \frac{1}{2} = -\frac{pL^2}{2EI}$$

그리고 A점의 모멘트는 처짐이므로 다음과 같다.

$$y_A = -\frac{pL^2}{2EI} \times L \times \frac{2}{3} = -\frac{pL^3}{3EI}$$

📖 예제 2.10

A점과 B점에서 회전각과 처짐을 구하시오.

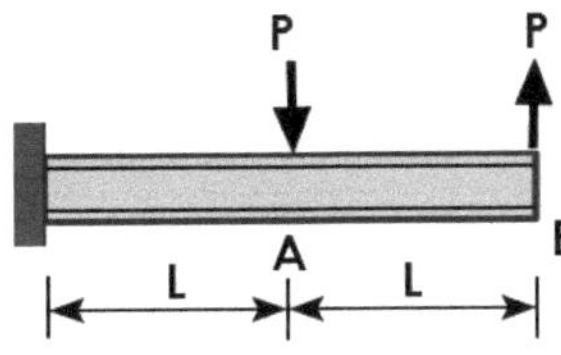

✪ 풀이

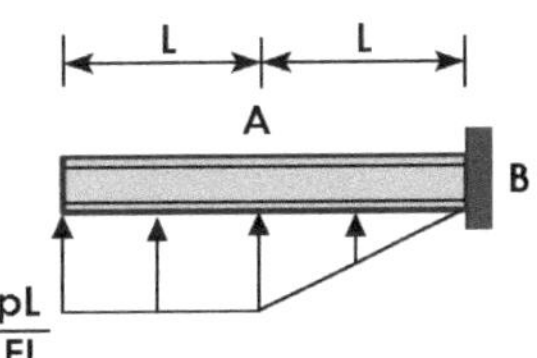

공액보는 지지점을 바꾸어 우측 그림과 같다. 공액보의 A점과 B점에서 전단력과 모멘트를 구하면 되므로 회전각과 처짐은 다음과 같다.

$$\theta_A = V_A = \frac{pL}{EI} \times L = \frac{pL^2}{EI}$$

$$y_A = M_A = \frac{pL}{EI} \times L \times \frac{1}{2} L = \frac{pL^3}{2EI}$$

$$\theta_B = V_B = \frac{pL}{EI} \times L + \frac{pL}{EI} \times L \times \frac{1}{2} = \frac{3pL^2}{2EI}$$

$$y_B = M_B = \frac{pL}{EI} \times L \times (L + \frac{L}{2}) + (\frac{pL}{EI} \times L \times \frac{1}{2}) \times \frac{2L}{3} = \frac{11pL^3}{6EI}$$

예제 2.11

A점과 B점에서 회전각과 처짐을 구하시오.

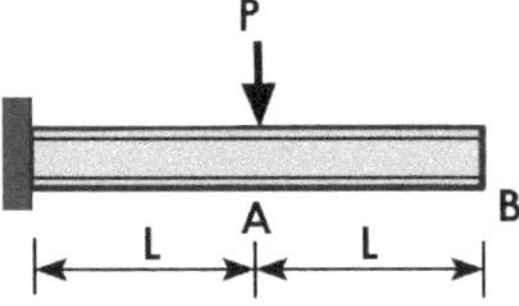

풀이

예제2.5의 문제로 공액보는 다음과 같다. 공액보의 A점과 B점에서 전단력과 모멘트를 구하면 되므로 회전각과 처짐은 다음과 같다.

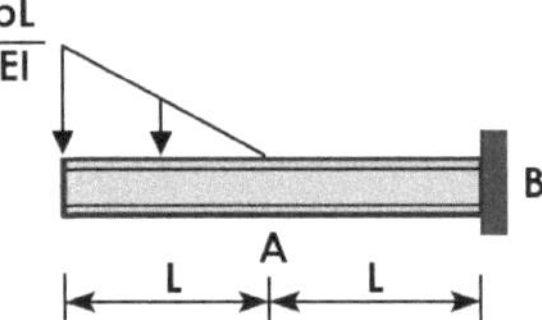

$$\theta_A = V_A = -\frac{pL}{EI} \times L \times \frac{1}{2} = -\frac{pL^2}{2EI}$$

$$y_A = M_A = -\frac{pL}{2EI} \times L \times \frac{2}{3}L = -\frac{pL^3}{3EI}$$

$$\theta_B = V_B = -\frac{pL}{EI} \times L \times \frac{1}{2} = -\frac{pL^2}{2EI}$$

$$y_B = M_B = -\frac{pL^2}{2EI} \times (L + \frac{2L}{3}) = -\frac{5pL^3}{6EI}$$

📖 예제 2.12

다음보의 최대 회전각과 처짐을 구하시오.

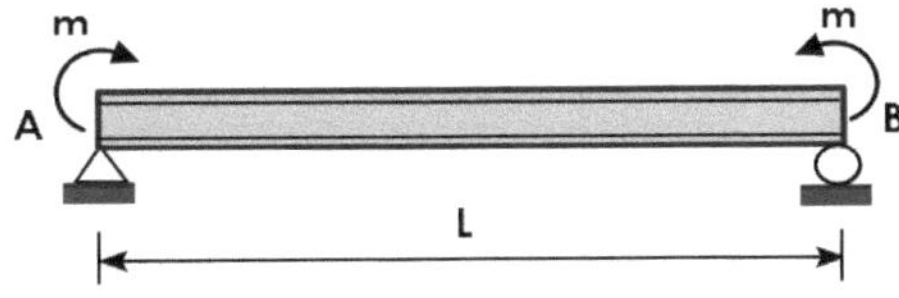

✪ 풀이

예제2.5와 같은 문제로 공액보는 다음과 같다. 최대 회전각은 A점에서 생기므로 회전각은 다음과 같다.

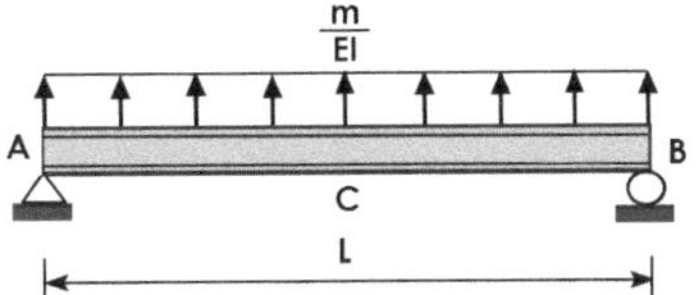

$$\theta_A = V_A = -\frac{m}{EI}\times L\times\frac{1}{2} = -\frac{mL}{2EI}$$

그리고 최대 처짐은 C점에서 생기므로 처짐은 다음과 같다.

$$y_c = M_c = -\frac{mL}{2EI}\times\frac{L}{2}\times\frac{1}{2} = -\frac{mL^2}{8EI}$$

📖 예제 2.13

A점과 B점에서 회전각과 처짐을 구하시오.

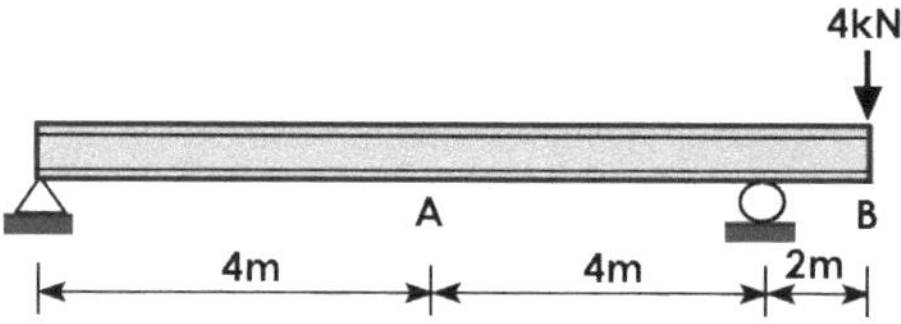

✪ 풀이

공액보의 지지상태는 내부지지와 자유단이 바뀌어야 하므로 공액보는 다음과 같은 게르버보가 된다.

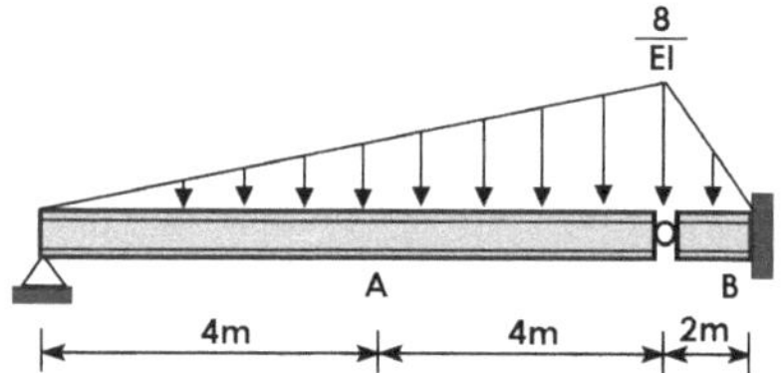

내부힌지에서 보를 분리하여 반력을 구하면 다음 그림과 같다.

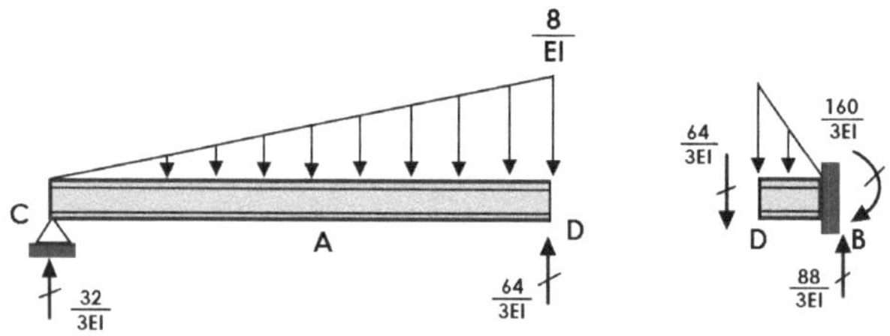

공액보의 A점과 B점에서 전단력과 모멘트를 구하면 되므로 회전각과 처짐은 다음과 같다.

$$\theta_A = V_A = -\frac{4}{EI} \times 4 \times \frac{1}{2} + \frac{32}{3EI} = \frac{8}{3EI}$$

$$y_A = M_A = \frac{32}{3EI} \times 4 - \frac{8}{EI} \times 4 \times \frac{1}{3} = \frac{32}{EI}$$

$$\theta_B = V_B = -\frac{88}{3EI}$$

$$y_B = M_B = -\frac{160}{3EI}$$

📖 예제 2.14

A점과 B점에서 회전각과 처짐을 구하시오.

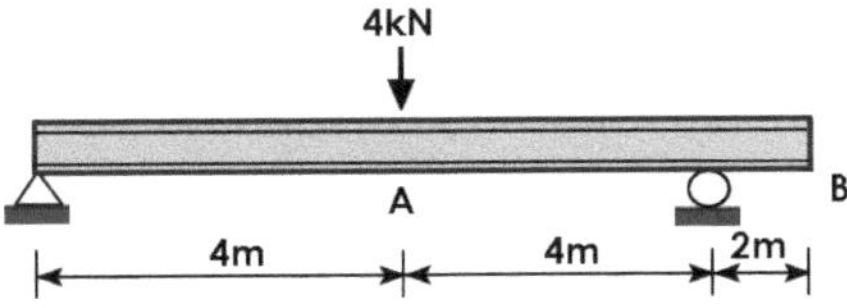

✪ 풀이

예제2.6과 동일한 문제로 공액보의 지지상태는 내부지지와 자유단이 바뀌어야 하므로 공액보는 다음과 같이 게르버보가 된다.

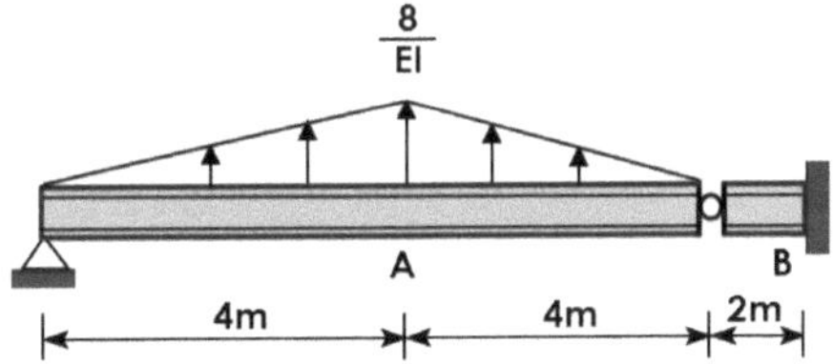

내부힌지에서 보를 분리하여 반력을 구하면 다음 그림과 같다.

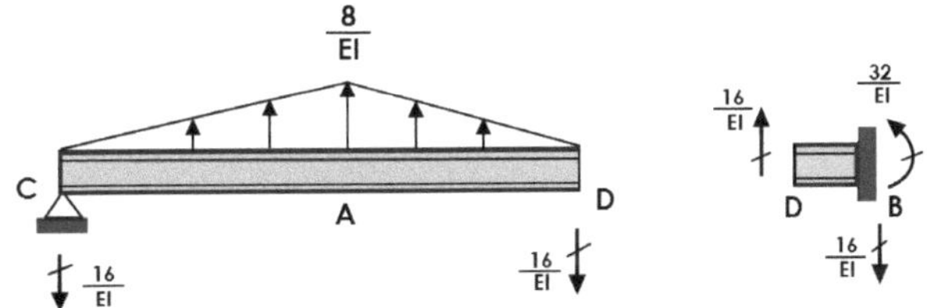

따라서, A점에서 전단력과 모멘트를 구하면

$$V_A = 0,\ \ M_A = -\frac{16}{EI} \times 4 \times \frac{2}{3}$$

이다. 따라서 A점의 회전각과 처짐은

$$\theta_A = 0,\ \ y_A = -\frac{128}{3EI}$$

이다. B점에서 구한 반력에 의해 회전각과 처짐은 다음과 같다.

$$\theta_B = \frac{16}{EI},\ \ y_B = \frac{32}{EI}$$

2.4 모멘트면적법

모멘트면적법은 보의 두 개 점에서 처짐곡선에 접선이나 수선을 그어 곡선의 기하학적 조건을 이용하여 원하는 처짐과 회전각을 구하는 방법이다. 두 개 점간 모멘트도의 면적을 이용하여 구한다. 공액보법은 공액보를 만들고 지지조건을 바꾸어야 하나 모멘트면적법에서는 보의 처짐곡선에 그은 접선이나 수선의 기하학적 조건을 이용하여 처짐과 처짐각을 구할 수 있다.

모멘트면적법을 적용하기 위해서는 2가지의 정리를 활용해야 한다. 2.2절에서 언급한 회전각과 모멘트와의 관계는 다음과 같다.

$$\frac{d\theta}{dx} = \frac{d^2y}{dx^2} = \frac{M}{EI}$$

그림 2.4에서 같이 임의의 두 점(A, B)에서 처짐곡선에 접선을 그리면 두 접선이 이루는 각은 다음과 같이 나타낼 수 있다.

$$\theta = \int_A^B \frac{d\theta}{dx} dx = \int_A^B \frac{M}{EI} dx$$

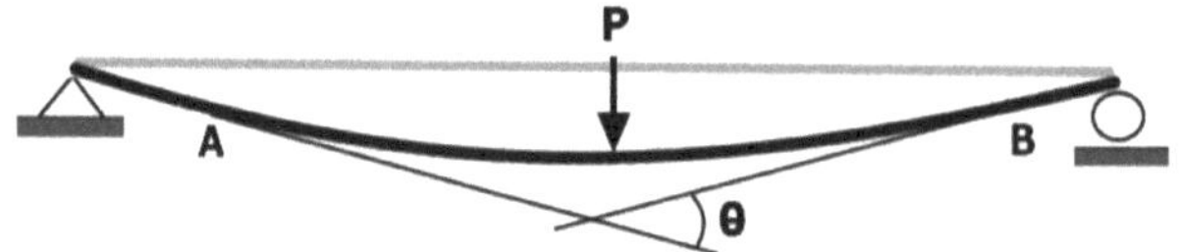

┃그림 2.4┃ 보의 두 점에서 그은 접선이 이루는 각

정리 1 보의 한 점A에서 그은 접선이 다른 한 점B에서 그은 접선과 이루는 각은 A, B점간 모멘트도/EI의 면적과 같다.

그림 2.5에서 A에서 그은 접선이 B에서 내린 수직선과 만나 이루는 길이를 Δ라 하면 처짐이 작은 경우 $d\Delta$는 호의 길이로 생각하여

$$d\Delta = x \times d\theta$$

따라서 수직선 길이 Δ는

$$\Delta = \int_A^B d\Delta\, dx = \int_A^B \frac{M}{EI} \times x\, dx$$

이다. 즉, 수직선 길이는 AB구간 모멘트도/EI의 면적에 대한 1차모멘트이다.

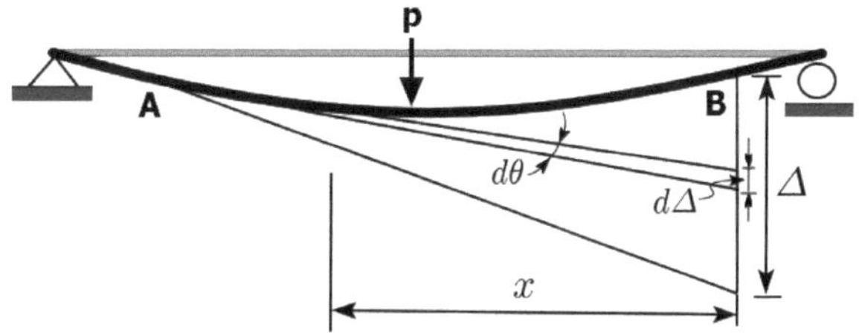

▌그림 2.5▌ 접선과 수직선이 교차하여 이루는 수직길이

정리 2 보의 한 점A에서 그은 접선이 다른 한 점B에서 내린 수직선과 만나 이루는 수직선의 길이는 A, B점간 모멘트도/EI 면적의 B점에 대한 1차모멘트와 같다.

모멘트 면적법은 한 점에서 그은 접선이 수평선이 되는 경우(회전각=0)에 계산이 간단해지는데 예를 들면, 대칭구조의 중앙에서 그은 접선, 고정 지지점에서 그은 접선 등이다.

예제 2.15

A점의 회전각과 B점의 처짐을 구하시오

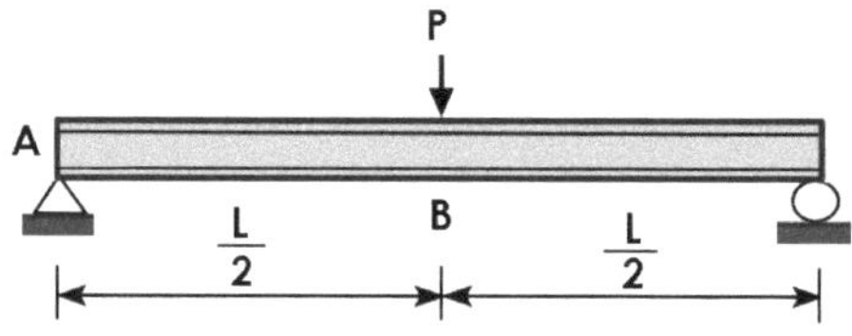

✪ 풀이

처짐형태가 대칭이므로 B점에서 회전각은 0이다. 따라서 정리 1에 의해 B점의 접선과 A점의 접선이 이루는 각은 θ_A와 동위각이다. 즉 $\theta = \theta_A$이다. θ_A는 A와 B구간에서 모멘트도/EI의 면적으로 아래와 같다.

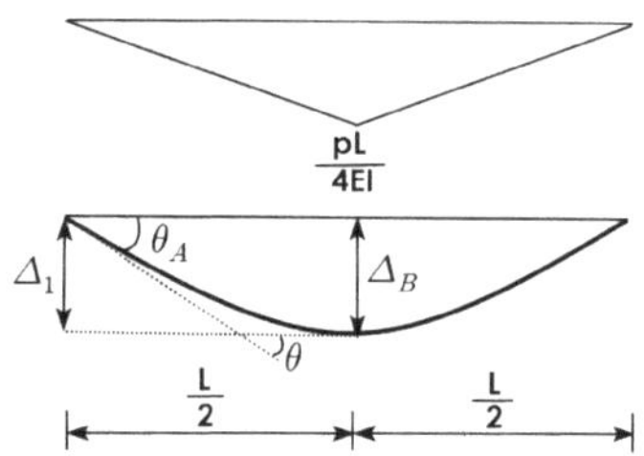

$$\theta_B - \theta_A = \frac{pL}{4EI} \times \frac{L}{2} \times \frac{1}{2}, \quad \therefore \theta_A = -\frac{pL^2}{16EI}$$

정리 2에 의해 A점에서 내린 수직선과 B점의 접선이 만나서 이루는 수선의 길이는 B점의 처짐과 같다. 즉 $\Delta_1 = \Delta_B$ 이다. Δ_B는 모멘트도/EI 면적의 A점에 대한 1차모멘트로 아래와 같다.

$$\therefore \Delta_B = \frac{pL^2}{16EI} \times \frac{L}{2} \times \frac{2}{3} = \frac{pL^3}{48EI}$$

예제 2.16

아래의 내민보에서 B점의 처짐을 구하시오.

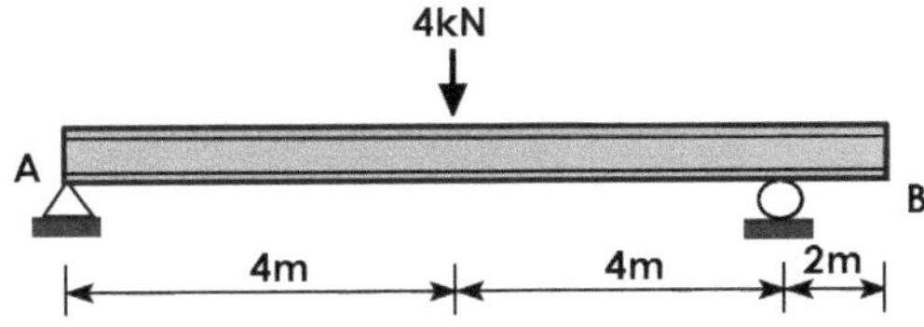

풀이

모멘트도와 처짐형태는 우측 그림과 같다. A점에서 접선을 그리고 롤러 지지점에서 수직선을 내리면 정리 2에 의해

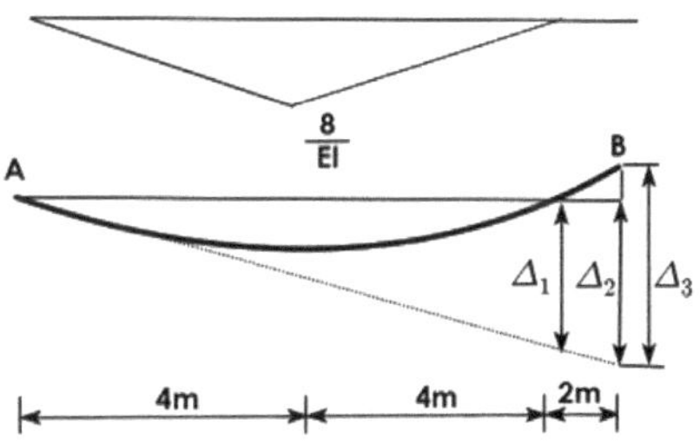

$$\Delta_1 = (8 \times 8 \times \frac{1}{2}) \times 4 = \frac{128}{EI}$$

이 되고 비례식으로 구한 Δ_2는

$$\Delta_2 = \frac{10}{8} \times \Delta_1 = \frac{160}{EI}$$

이 된다. Δ_3는 정리 2를 이용하면 아래와 같다.

$$\Delta_3 = 32 \times (4+2) = \frac{192}{EI}$$

위 그림에서 보듯이 Δ_B는 $(\Delta_3 - \Delta_2)$이므로

$$\therefore \Delta_B = \frac{192}{EI} - \frac{160}{EI} = \frac{32}{EI}$$

예제 2.17

A점과 C점의 처짐을 구하시오.

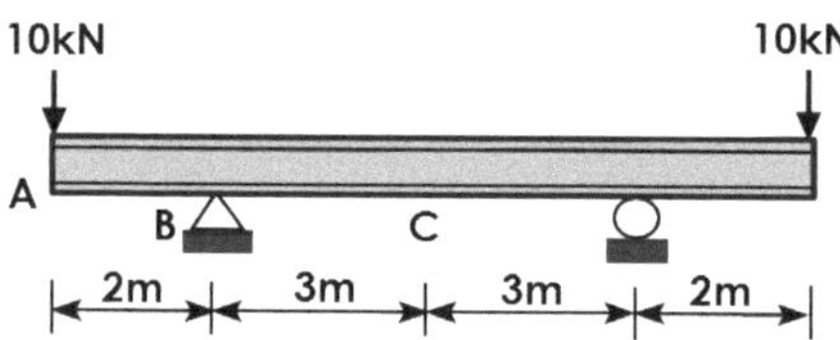

✪ 풀이

대칭구조이므로 C점에서 접선을 그리면 아래 그림과 같이 수평선이 된다. 따라서 $\Delta_C = \Delta_1$ 이고, Δ_1은 모멘트도에서 직사각형 면적의 B점에 대한 1차 모멘트이므로

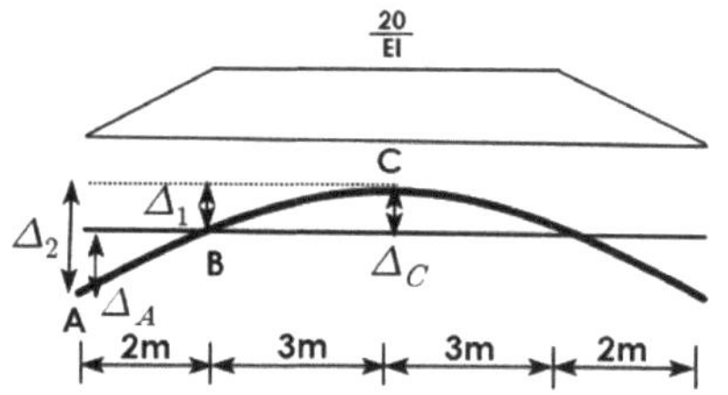

$$\therefore \Delta_C = (\frac{20}{EI} \times 3) \times (3 \times \frac{1}{2}) = \frac{90}{EI}$$

Δ_2는 C점에서 그은 접선과 A점에서 내린 수직선이 만나 이루는 직선으로 모멘트도에서 (삼각형+직사각형) 면적의 A점에 대한 1차모멘트이므로 다음과 같다.

$$\Delta_2 = (\frac{20}{EI} \times 2 \times \frac{1}{2}) \times (2 \times \frac{2}{3}) + (\frac{20}{EI} \times 3) \times (2 + 3 \times \frac{1}{2}) = \frac{710}{3EI}$$

위 그림에서 Δ_A는 $(\Delta_2 - \Delta_1)$으로 아래와 같다.

$$\therefore \Delta_A = \frac{710}{3EI} - \frac{90}{EI} = \frac{440}{3EI}$$

2.5 가상일법

2.5.1 가상일법의 원리

힘(F)의 작용에 의해 물체가 힘의 방향으로 변형 d가 발생 했을 때 힘이 한 일(work)은 $F \times d$로 정의된다. 이때 F는 0에서 증가하여 F가 되는 것이 아니고 처음부터 F의 크기로 작용해야 한다. 에너지 보존 법칙(conservation of energy)에 따라 외력이 구조체에 한 일은 구조체의 내력이 한 일 즉, 내부의 변형에너지와 같다. 여기서 외력은 구조체에 작용하는 하중이고 내력은 부재의 내력 즉, 부재력이다.

가상일법(virtual work method)은 물체에 작용시킨 가상의 하중이 실제 하중에 의해 발생하는 처짐이 만드는 일을 이용하여 처짐을 구하는 방법이다. 가상의 하중(P, 실제 처짐이 생기는 방향으로 작용시킴)을 작용시키면 구조체의 내부에는 가상의 부재력(f)이 존재한다(그림 2.6a). 그리고 실제 하중의 작용에 의해 구조체의 a점에는 처짐(Δ_a)이 발생하였고 구조체 내부에도 변형(δ)이 존재한다(그림 2.6b).

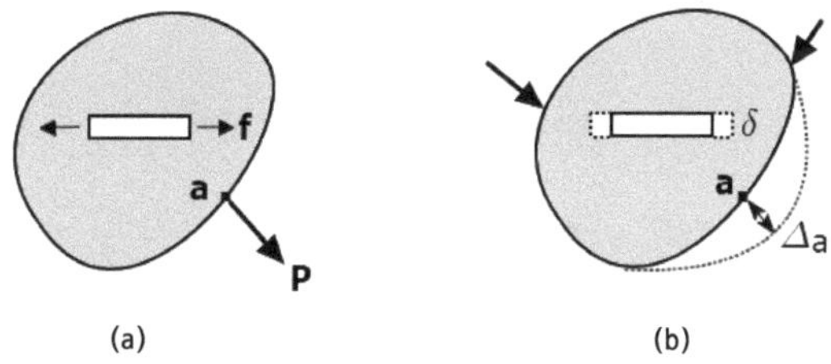

❙그림 2.6❙ 가상하중의 작용과 실제하중에 의한 변형

그림 2.6에서 (a)의 그림에 (b)의 그림을 겹쳐보면 P와 f가 이미 작용하고 있기 때문에 가상의 힘 P가 실제의 외부 변형에 한 일은 $P \times \Delta_a$이고, 가상의 내력 f가 실제의 내부

변형에 한 일은 $\int_A f\times\delta\, dA$ 이다. 에너지 보존 법칙에 따라 아래의 식이 성립한다.

$$P\times\Delta_a = \int_A f\times\delta\, dA$$

가상하중(P)을 1로 하면 구하고자 하는 처짐은

$$\Delta_a = \int_A f\times\delta\, dA$$

이다. 가상하중으로 1을 적용하기 때문에 가상일법을 단위하중법(unit load method)이라고 한다.

2.5.2 트러스의 처짐

트러스의 부재력(N)에 의한 부재의 변형은

$$\delta = \frac{NL}{EA}$$

이다. 가상일법을 적용하면 처짐은 아래와 같다.

$$\Delta = \sum(f\times\frac{NL}{EA})$$

여기서 $\sum$는 모든 부재에 대한 합을 나타내며 N은 실제 하중에 의해 부재에 발생하는 부재력이고, f는 단위하중에 의해 발생하는 부재력이다.

트러스에서 처짐을 구하는 과정은 아래와 같다.

1) 부재력 N: 실제 하중에 의한 부재력을 구한다.

2) 가상 부재력 f: 처짐을 구하고자 하는 곳에 단위하중을 가하여 부재력을 구한다.

3) 처짐산정: 모든 부재에 대한 $f\times\frac{NL}{EA}$ 를 계산하여 더한다.

📖 예제 2.18

아래 트러스에서 C점의 수직방향 처짐을 구하시오. 단 부재의 단면적은 동일하다.

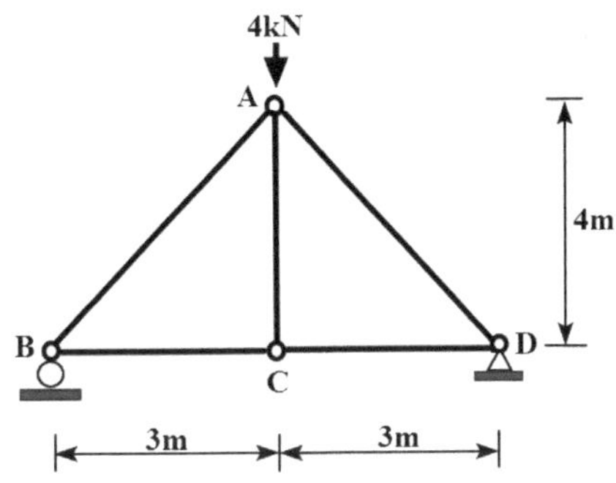

✪ 풀이

각 부재별 길이, 부재력, 단면적은 아래 표와 같고 그림은 C점에 단위하중을 작용한 트러스이다.

부재	L	N	f	A	$f \times \frac{NL}{EA}$
AB	5	-2.5	-0.625	A	7.8125/EA
AD	5	-2.5	-0.625		7.8125/EA
AC	4	0	1		0
BC	3	1.5	0.375		1.6875/EA
CD	3	1.5	0.375		1.6875/EA
				$\sum$	19/EA

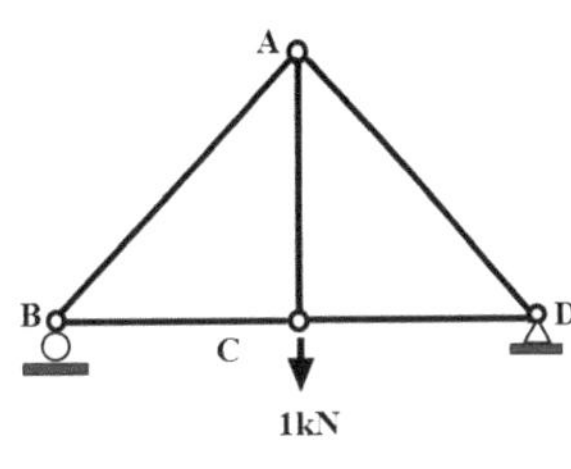

따라서 C점의 처짐은 $\frac{19}{EA}$ 이다.

예제 2.19

아래 트러스에서 A점의 수평변위를 구하시오. 단 부재AB와 AD의 단면적은 10cm^2, 부재AC, BC, CD의 단면적은 8cm^{2}이고 탄성계수는 200GPa이다.

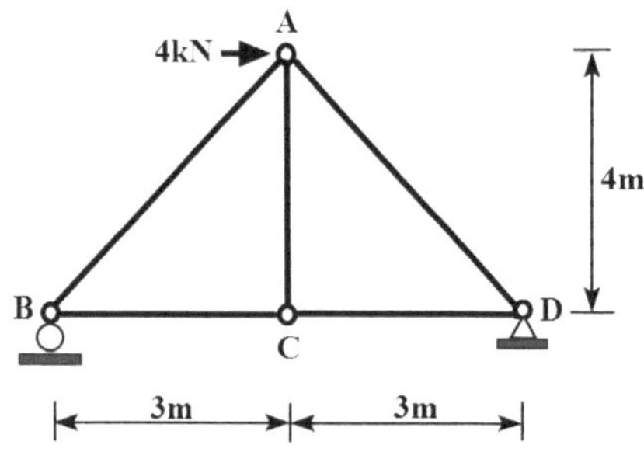

풀이

각 부재별 길이, 부재력, 단면적은 아래 표와 같고 그림은 A점에 단위하중을 작용한 트러스이다.

부재	L (m)	N (kN)	f (kN)	A (m^2)	$f \times \frac{NL}{EA}$
AB	5	3.333	0.833	0.001	13,882/E
AD	5	-3.333	-0.833	0.001	13,882/E
AC	4	0	0	0.0008	0
BC	3	-2	-0.5	0.0008	3,750/E
CD	3	-2	-0.5	0.0008	3,750/E
				$\sum$	35,264/E

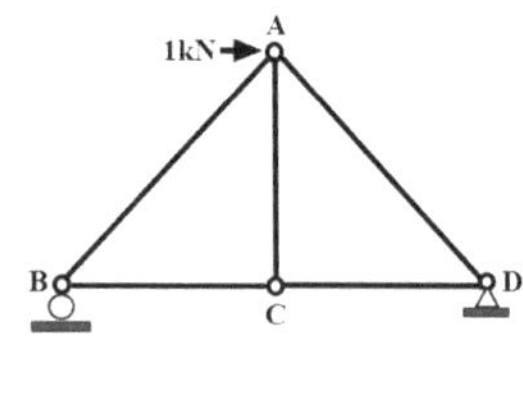

따라서 A점의 수평변위는 $\frac{35,264}{200 \times 10^6} = 1.763 \times 10^{-4}\text{m}$ 이다.

2.5.3 보와 골조의 변형

보(또는 골조)의 변형은 휨에 의한 변형이 주된 요소라서 휨에 의한 변형만 고려한다. 모멘트에 의한 미소길이의 회전은 아래와 같다(2.2절 참조).

$$d\theta = \frac{M}{EI}dx$$

모멘트가 한 일은 모멘트×회전각이고 보의 전체 구간에 대하여 계산하여야 하므로 처짐은 다음과 같다.

$$\Delta = \int m \times \frac{M}{EI}dx$$

여기서 M은 실제 하중에 의해 발생하는 부재의 모멘트이고, m은 단위하중에 의해 발생하는 부재의 모멘트이다. 회전각을 구하기 위해서는 단위 모멘트를 작용시켜야 하며 회전각은 아래와 같다.

$$\theta = \int m_\theta \times \frac{M}{EI}dx$$

여기서 m_θ는 단위 모멘트를 가했을 때의 부재 모멘트이다.

보의 처짐(또는 회전각)을 구하는 과정은 아래와 같다.

1) 모멘트 M: 실제 하중에 의한 모멘트를 구한다.
2) 가상 모멘트 m(또는 m_θ): 처짐을 구하고자 하는 위치에 단위하중 1(또는 모멘트 1)을 가하여 모멘트를 구한다.
3) 처짐(또는 회전각)산정: 전체 구간에 대하여 적분한다.

참고사항: 모멘트 함수식을 구할 때 모멘트도를 그려 M과 m을 곱하는 것을 염두에 두고 적분구간의 모멘트식이 간단해지도록 함수식의 시작점을 정한다. 함수식에서 x를 1개로만 하지 말고 아래 그림과 같이 2개 이상(x_1, x_2)으로 나누어 설정하면 계산을 간단하게 할 수 있다. 단, m과 M은 같은 좌표축을 이용하여 모멘트 식을 구하고 전체의 구간에 대한 적분이 이루어져야 한다.

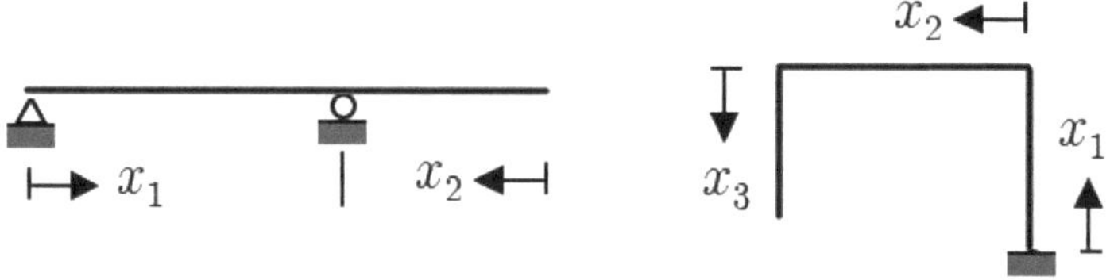

예제 2.20

B점에서 회전각과 처짐을 구하시오.

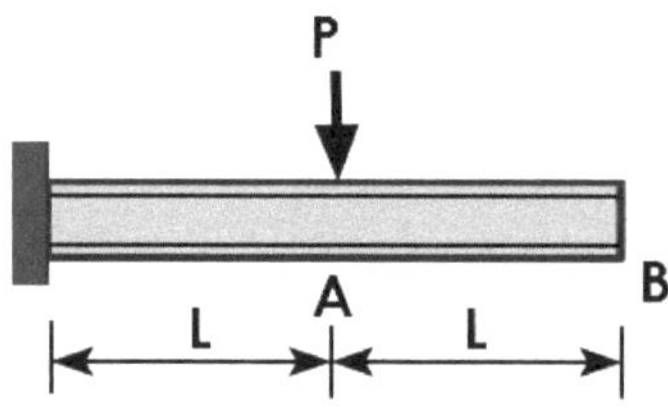

✪ 풀이

B점의 처짐을 구하기 위해 단위하중을 B점에 가한다. 모멘트도를 그리면 아래와 같고 AB구간에서 M/EI가 0이므로 적분을 하지 않아도 된다. 즉 AC구간만 적분하면 된다. 아래 그림에서 함수 시작점을 A점으로 하면 M/EI의 모멘트식이 간단해진다.

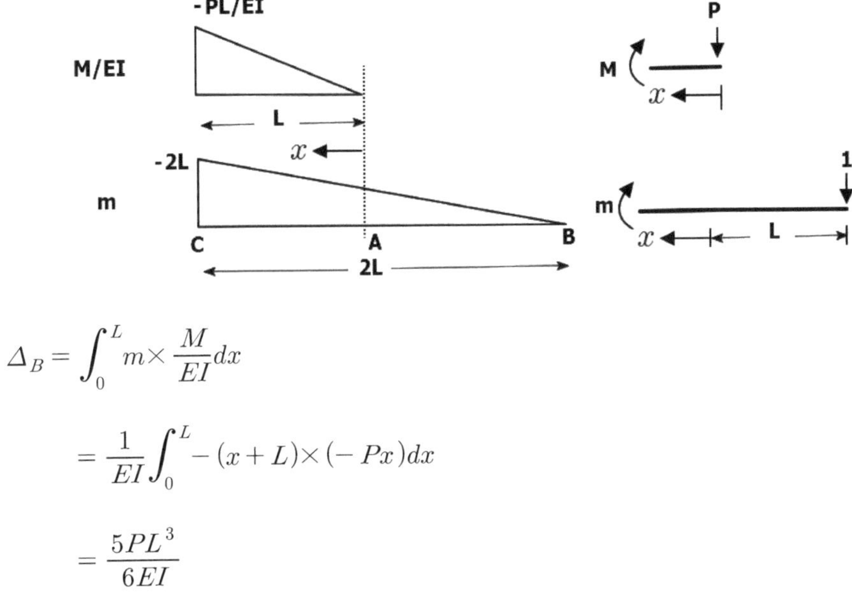

$$\Delta_B = \int_0^L m \times \frac{M}{EI} dx$$

$$= \frac{1}{EI}\int_0^L -(x+L)\times(-Px)dx$$

$$= \frac{5PL^3}{6EI}$$

회전각을 구하기 위해 B점에 단위모멘트를 가한다. 모멘트도는 아래 그림과 같다.

$$\theta_B = \int_0^L m_\theta \times \frac{M}{EI} dx$$

$$= \frac{1}{EI}\int_0^L (-1)\times(-Px)dx$$

$$= \frac{PL^2}{2EI}$$

예제 2.21

아래 캔틸레버보에서 A점의 처짐각과 처짐을 구하시오.

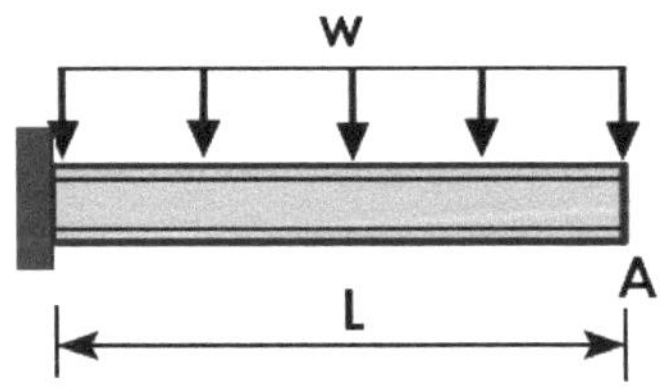

풀이

실제하중과 단위하중에 의한 모멘트도는 아래 그림과 같다.

$$\Delta_A = \int_0^L m \times \frac{M}{EI} dx$$

$$= \frac{1}{EI}\int_0^L (-x) \times \left(-\frac{wx^2}{2}\right) dx$$

$$= \frac{wL^4}{8EI}$$

$$\theta_A = \int_0^L m_\theta \times \frac{M}{EI} dx$$

$$= \frac{1}{EI}\int_0^L (-1) \times \left(-\frac{wx^2}{2}\right) dx$$

$$= \frac{wL^3}{6EI}$$

예제 2.22

아래 골조에서 C점의 수직처짐을 구하시오

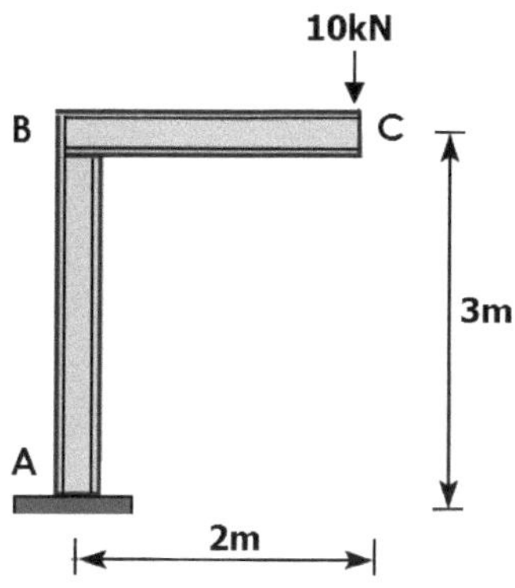

풀이

아래 그림과 같이 실제 하중의 모멘트도와 단위하중의 모멘트도 형태가 같다. AB구간은 모멘트가 일정하고 BC구간은 모멘트가 직선이므로 구간을 나누어 좌표를 설정한다. C점의 처짐은 아래와 같다.

$$
\begin{aligned}
\Delta_c &= \int m \times \frac{M}{EI} dx \\
&= \int_0^2 (-x_1) \times \left(\frac{-10x_1}{EI}\right) dx_1 + \int_0^3 (-2) \times \left(\frac{-20}{EI}\right) dx_2 \\
&= \frac{440}{3EI}
\end{aligned}
$$

2.6 변형의 중첩원리

구조체에 여러 개의 힘이 작용하여 변형이 발생할 때 여러 개의 힘을 동시에 작용시키지 않고 힘을 개별적으로 작용시켜 구한 변형을 중첩시켜 전체의 변형을 구할 수 있는데 처짐이 작고 부재가 탄성적 거동을 하는 경우에만 중첩의 원리를 적용 할 수 있다. 예를 들어 그림 2.7에서 캔틸레버보 단부의 처짐은 하중을 개별적으로 작용하여 구한 처짐을 더하여 구한 값과 같다 즉, $\delta = \delta_1 + \delta_2$ 이다.

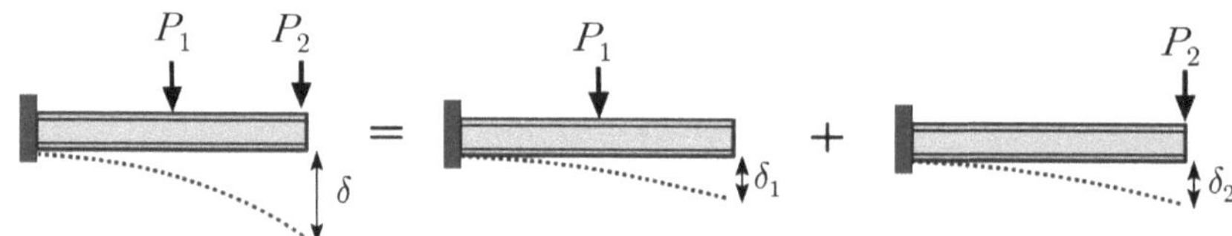

┃그림 2.7┃ 중첩의 원리 예시

예제 2.23

A점과 B점에서 회전각과 처짐을 구하시오.

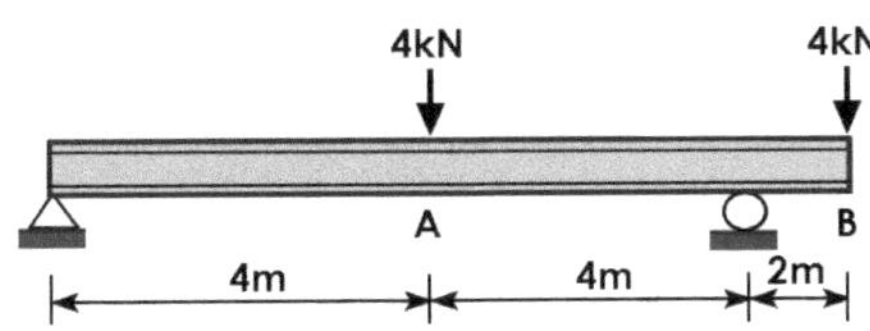

풀이

하중을 개별적으로 작용시켜 처짐을 구한다.

1) A점에만 하중이 있는 경우(예제 2.14)

$$\theta_A^1 = 0,\ y_A^1 = -\frac{128}{3EI},\quad \theta_B^1 = \frac{16}{EI},\ y_B^1 = \frac{32}{EI}$$

2) B점에만 하중이 있는 경우(예제 2.13)

$$\theta_A^2 = \frac{8}{3EI},\ y_A^2 = \frac{32}{EI},\quad \theta_B^2 = -\frac{88}{3EI},\ y_B^2 = -\frac{160}{3EI}$$

중첩의 원리를 적용하여 A, B점의 회전각과 처짐을 구하면 다음과 같다.

$$\therefore \theta_A = \frac{8}{3EI},\ y_A = -\frac{128}{3EI} + \frac{32}{EI} = -\frac{32}{3EI}$$

$$\therefore \theta_B = \frac{16}{EI} - \frac{88}{3EI} = -\frac{40}{3EI},\ y_B = \frac{32}{EI} - \frac{160}{3EI} = -\frac{64}{3EI}$$

연습문제

2.1

A, B점에서 회전각과 처짐을 구하시오.

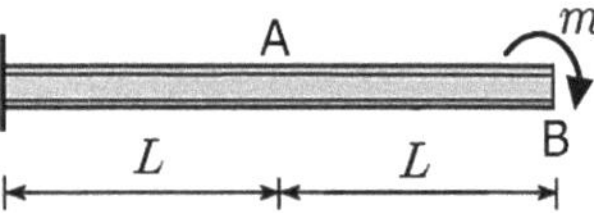

2.2

B점에서 처짐을 구하시오.

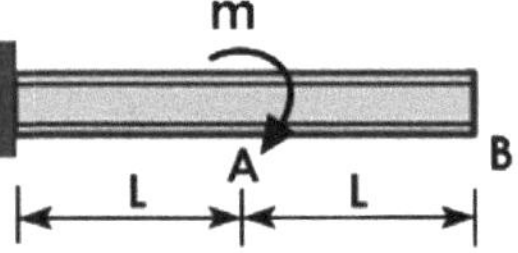

2.3

A점에서 회전각을 구하시오.

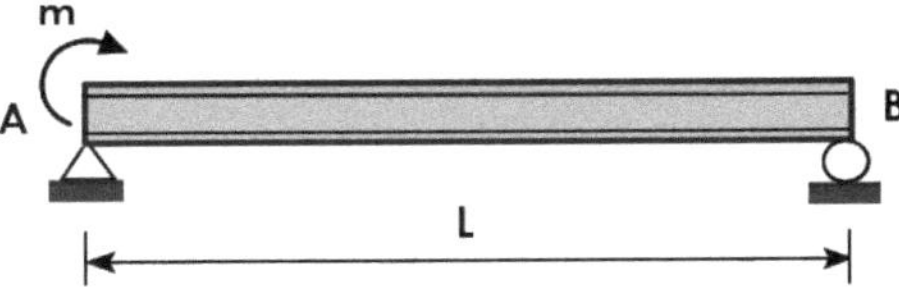

2.4(**)

공액보법을 이용하여 A점과 B점의 회전각과 처짐을 구하시오.

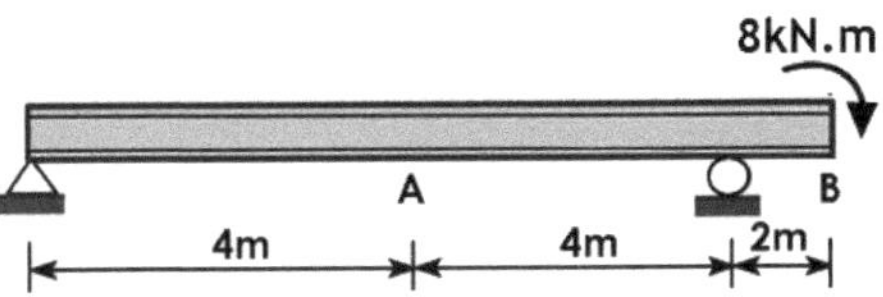

2.5(*)

C점의 처짐을 구하시오.

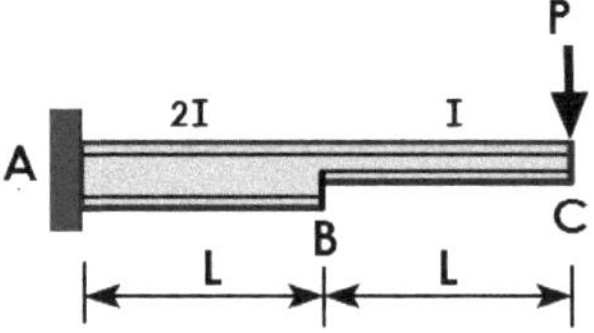

2.6(**)

공액보법을 이용하여 A점과 C점의 처짐을 구하시오.

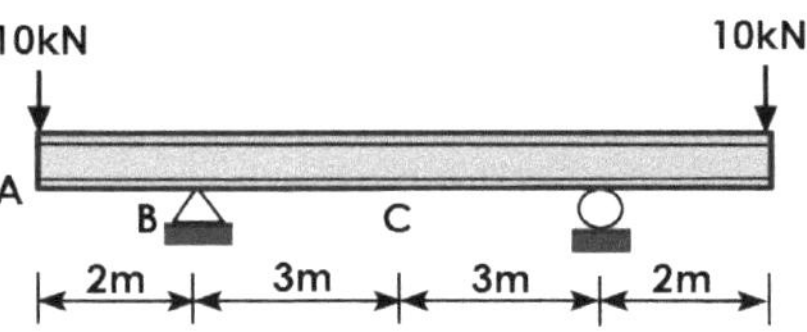

2.7(***)

공액보법을 이용하여 A점과 C점의 처짐을 구하시오.

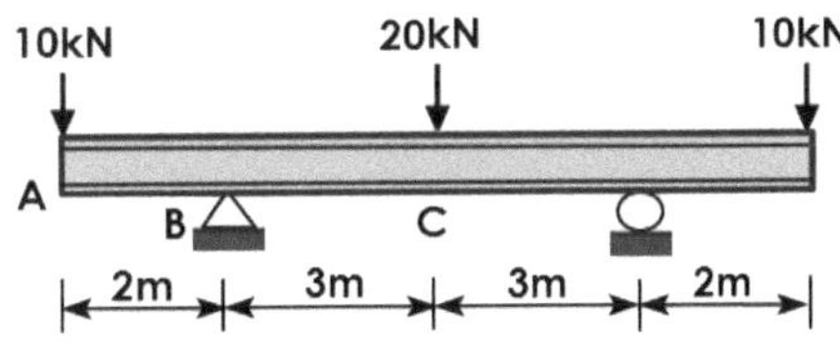

2.8(**)

아래 트러스에서 C점의 수평변위를 구하시오. 단 부재의 단면적은 동일함.

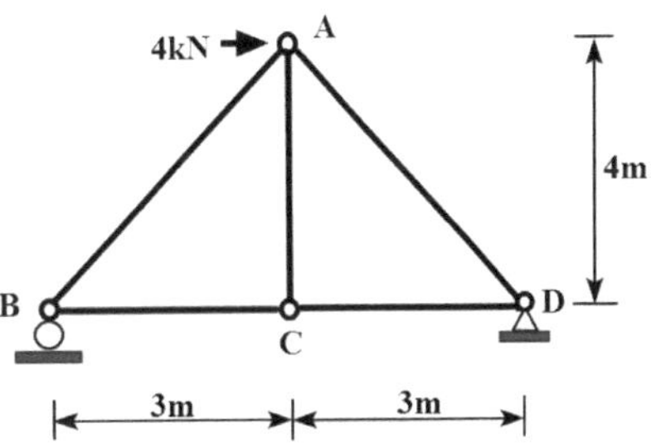

2.9(**)

아래 보에서 C점의 처짐을 단위하중법으로 구하시오.

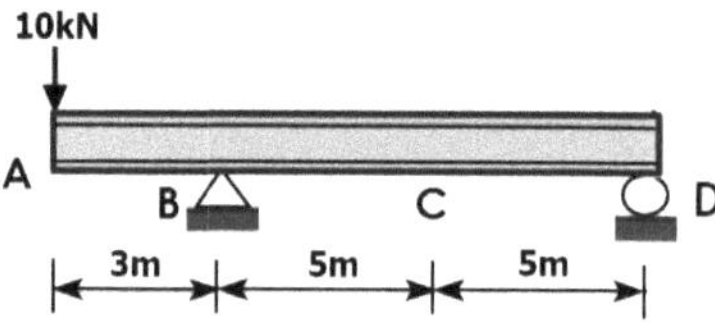

2.10(*)

아래 보에서 C점과 B점의 처짐비(Δ_C / Δ_B)를 구하시오.

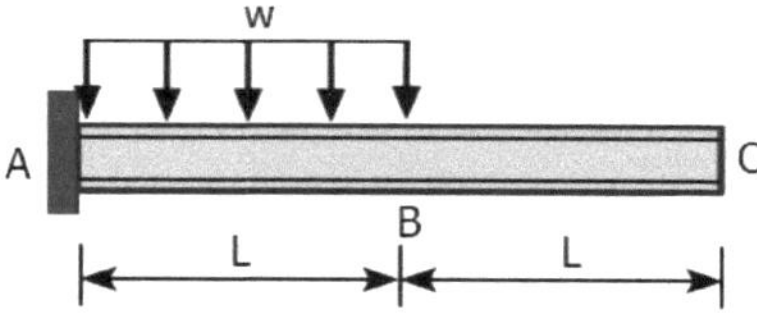

제 3 장

압축재의 거동

3.1 기둥의 좌굴

3.2 양단 단순지지 기둥의 좌굴하중

3.3 다른 지지상태 기둥의 좌굴하중

3.1 기둥의 좌굴

기둥(column)은 건축물에서 공간을 만들기 위해서 반드시 있어야 하는 구조부재이고 기둥의 배치계획은 건축설계에서 공간의 분할과 구조적 안전성을 동시에 고려해야 하기 때문에 평면계획의 초기단계부터 영향을 미친다. 일반적으로 기둥은 수직으로 설치하는데 경우에 따라 경사지게 설치하기도 한다. 기둥의 역할은 수직하중 또는 횡하중을 수직 방향으로 전달하는 역할을 한다. 일반적인 경우에는 상부의 하중이 기둥을 매개로 하여 아랫방향으로 전달되는데 홍콩 샹하이 은행 건물(설계:Norman Foster, 1986)에서와 같이 각 층의 바닥슬래브를 기둥에 매다는 현수구조로 이루어지면 기둥에는 인장력이 작용하고 하중은 기둥을 통해 위쪽의 구조체로 전달된다.

기둥의 파괴 형상은 두 가지인데 (1) 부재가 구부러지지 않은 상태에서 축하중을 견디지 못해 기둥이 파괴되는 압괴(crushing)이고, (2) 기둥에 최대응력이 작용하기 이전에 기둥이 구부러져 힘을 저항하지 못하는 좌굴(buckling)이다. 파괴가 압괴로 발생하는 경우에 기둥에 가할 수 있는 최대하중은

$$P_{\max} = A \times \sigma_{\max}$$

이고 여기서 A는 단면적, $\sigma_{\max}$는 재료에 가할 수 있는 최대응력이다.

압괴는 단주 기둥에서 가능한 한계상태이고, 기둥의 길이가 긴 경우에는 대부분 좌굴에 의해 기둥의 저항능력이 결정된다. 기둥에 작용하는 힘이 기둥이 견딜 수 있는 정도라면 기둥은 그림3.1a와 같이 구슬이 움직여도 최종적으로 원래의 위치로 돌아오는 안정된 상태에 있다고 할 수 있다. 그림 3.1(b)에서 구슬이 순간적으로 정지하고 있는 것(neutral)과 같은 상태는 하중이 임계값(경계값)에 도달하기 바로 전으로 기둥의 변형은 일어나지 않지만,

임계값에 도달하는 순간 기둥은 그림 3.1(c)의 구슬이 아래로 굴러 원래의 위치로 돌아오지 못하듯이 불안정(unstable)한 상태가 된다.

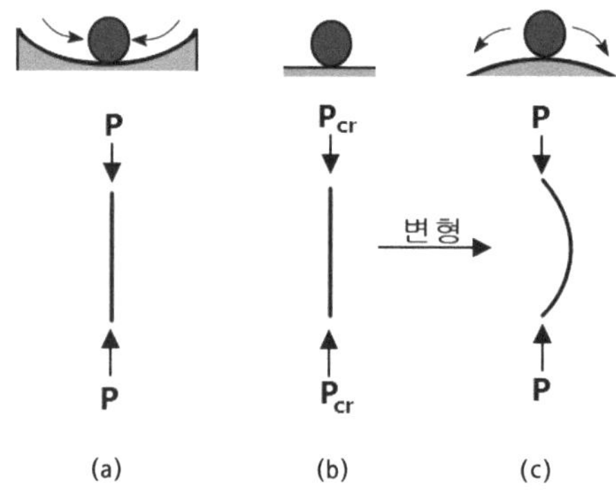

▌그림 3.1▌ 기둥의 안정과 불안정

3.2 양단 단순지지 기둥의 좌굴하중

양단 단순지지 상태의 기둥(그림 3.2a)에 축력이 작용하는데 하중이 P_{cr}이 되었을 때 그림 3.2b와 같이 휨변형을 일으키며 좌굴한다. 이 때의 하중을 좌굴하중이라 한다. 오일러(Euler, 1707-1783)는 좌굴하중을 산정하는 식을 제안하였는데 재료가 탄성(elastic) 상태인 경우에만 적용할 수 있어 탄성좌굴하중이라 한다. 좌굴하중을 구하기 위해 그림 3.2c는 변형된 기둥의 일부분을 나타내었다.

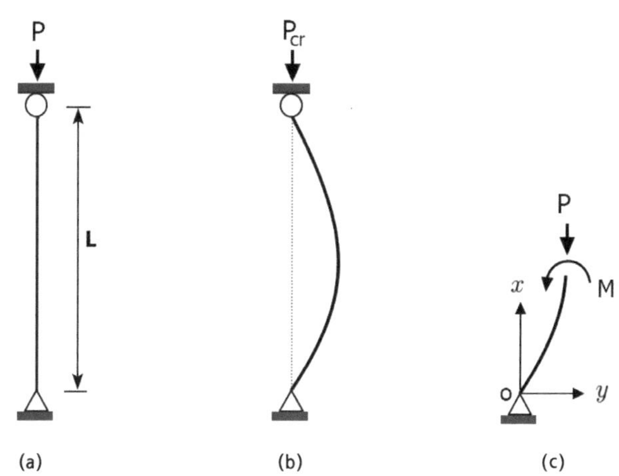

▌그림 3.2▐ 양단 단순지지 기둥의 좌굴

그림 3.2c에서 o점에 대한 모멘트 평형조건식을 나타내면

$$M - P \times y = 0$$

이고 보의 처짐과 휨모멘트와의 관계식(2.2절 참조)에 의하면

$$\frac{d^2y}{dx^2} = -\frac{M}{EI}$$

이다. 2.2절의 식에 (-)가 붙은 것은 y좌표축이 반대방향이기 때문이다.

따라서 평형조건식은

$$EI\frac{d^2y}{dx^2} + P \times y = 0$$

이 되고 다음과 같이 나타낼 수 있다.

$$y'' + \alpha^2 \times y = 0, \quad \alpha = \sqrt{\frac{P}{EI}}$$

상기의 식은 상미분방정식으로 일반해는 다음과 같다.

$y = A\cos(\alpha x) + B\sin(\alpha x)$

상수 A, B를 정하기 위해 지지점에서 $y = 0$인 조건을 적용하면 $A = 0$, $B\sin(\alpha \mathrm{L}) = 0$인데, 두 번째 식에서 $B = 0$이 되면 기둥의 변형이 일어나지 않으므로 $\sin(\alpha L)$이 0이 되어야 한다. sine함수가 0인 각도는 $n\pi$이므로

$\alpha L = n\pi \ (n = 1,\ 2,\ 3.....)$

이다. α를 제곱하면

$$\alpha^2 = \frac{P}{EI} = \left(\frac{n\pi}{L}\right)^2$$

이고 좌굴하는 순간의 P를 좌굴하중 P_{cr}로 나타내면

$$P_{cr} = n^2\frac{\pi^2 EI}{L^2}$$

이다. 즉, 좌굴하중은 부재길이의 제곱에 반비례하고 단면2차모멘트에 비례한다. 기둥의 길이가 길면 작은 힘에도 기둥이 좌굴한다는 것을 알 수 있다. 그림 3.3은 건설현장에서 볼 수 있는 타워크레인의 마스트인데 건물 구조체에 연결해 놓은 것(화살표 부분)은 마스트의 좌굴길이를 줄여 좌굴하중을 증가시

▌그림 3.3▐ 구조체에 연결된 타워크레인의 마스트

키기 위한 것이다.

정수 n에 따라 좌굴하중이 어떻게 달라지는지 알아보자. $n=1$ 인 경우

$$P_{cr}^{1} = \frac{\pi^2 EI}{L^2}$$

이고 기둥의 좌굴된 곡선식은

$$y_1 = Bsin(\frac{\pi}{L})x$$

이다. 상기의 식은 기둥의 변형된 형태를 나타내는데 B가 미지수이기 때문에 최대 처짐을 구할 수 없고 좌굴하는 순간 기둥으로서 기능을 상실하기 때문에 최대 처짐의 크기는 의미가 없다. 또, $n=2, 3$일 때 좌굴하중은

$$P_{cr}^{2} = \frac{4\pi^2 EI}{L^2}$$

$$P_{cr}^{3} = \frac{9\pi^2 EI}{L^2}$$

이다. 3가지 경우의 변형 모드(mode)를 그려보면 그림 3.4와 같이 된다. 기둥이 모드 1(n=1)에서 모드 2(n=2)로 변형이 되기 위해서는 기둥의 중간에서(그림 3.4b 화살표) 위치이동이 일어나지 않아야 한다. 즉, 중간점의 수평이동이 구속되어야 한다. 그렇지 않으면 모드 1에서 좌굴이 일어나서 모드 2로 갈 수 없다. 또한, 모드 3(n=3)이 발생하기 위해서는 두 군데(그림 3.4c 화살표)에서 수평이동이 구속되어야 한다. 따라서 기둥의 좌굴하중을 증가시키는 방법은 기둥의 일부 구간에서 수평이동이 구속되도록 지지점(또는 가새)을 설치하면 된다.

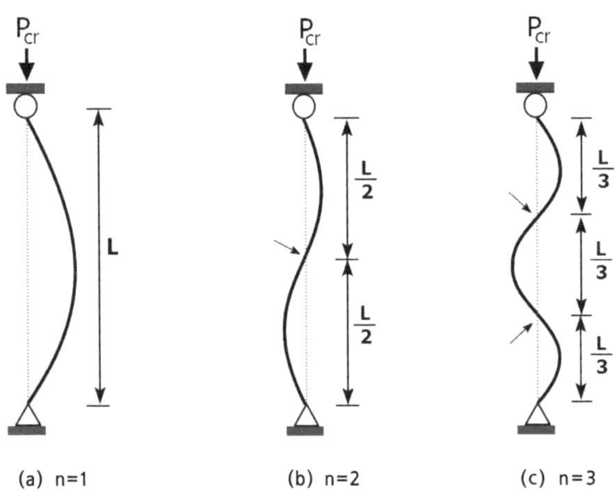

❙그림 3.4❙ 기둥의 좌굴 모드

탄성좌굴하중을 응력의 형태로 나타내기 위해 하중을 단면적으로 나누면

$$\sigma_{cr} = \frac{P_{cr}}{A} = \frac{\pi^2 EI}{AL^2}$$

인데 단면2차반경($r = \sqrt{(I/A)}$)을 이용하여 상기의 식을 나타내면

$$\sigma_{cr} = \frac{\pi^2 E}{\frac{AL^2}{I}} = \frac{\pi^2 E}{\frac{L^2}{\left(\sqrt{\frac{I}{A}}\right)^2}} = \frac{\pi^2 E}{\left(\frac{L}{r}\right)^2}$$

이다. 세장비($\lambda = L/r$)을 도입하여 상기의 식을 다음과 같이 나타낼 수 있다.

$$\therefore \sigma_{cr} = \frac{\pi^2 E}{\lambda^2}$$

세장비가 커질수록 탄성좌굴응력이 작아지는 것을 알 수 있는데 좌굴이 쉽게 발생한다는 의미이다.

오일러가 제안한 식을 연구자들이 실험을 통하여 검증하였는데 세장비가 큰 경우에는 오일러의 좌굴하중식이 실험결과와 유사하였으나 세장비가 작은 경우에는 오일러의 좌굴하중보다 작은 하중에서 압축재가 비탄성 항복하는 결과를 확인하여 세장비가 한계값보다 작은 경우에는 실험에서 제안한 식을 사용하고 있다.

좌굴하중식에는 단면2차모멘트(I)가 포함되어 있는데 이 값은 축에 따라 값이 다르기 때문에 기둥의 좌굴이 발생하는 축을 구별해야 한다. 그림 3.5에 강축과 약축에 대한 좌굴의 형태를 나타내었다. 강축은 단면2차모멘트가 큰 축이고 약축은 작은 축이다. 세장비는 2개의 축(L_x/r_x, L_y/r_y)에 대하여 산정하고 좌굴은 세장비가 큰 축의 휨에 대하여 발생한다.

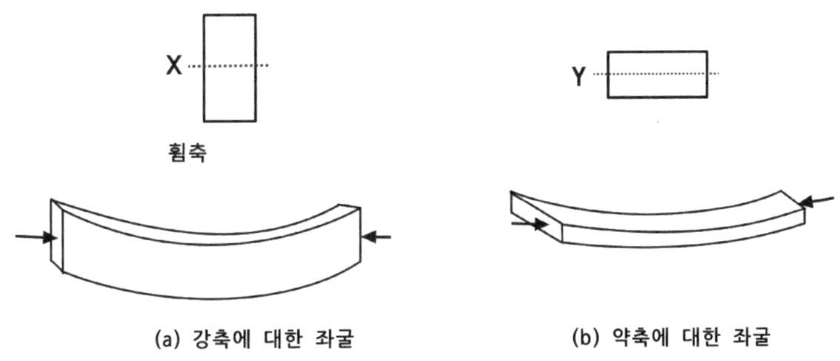

▌그림 3.5▐ 강축과 약축에 대한 좌굴

예제 3.1

기둥의 단면적이 같은 3가지의 단면이 있는데 정사각형 단면을 기준으로 하여 탄성좌굴하중의 비를 구하시오.

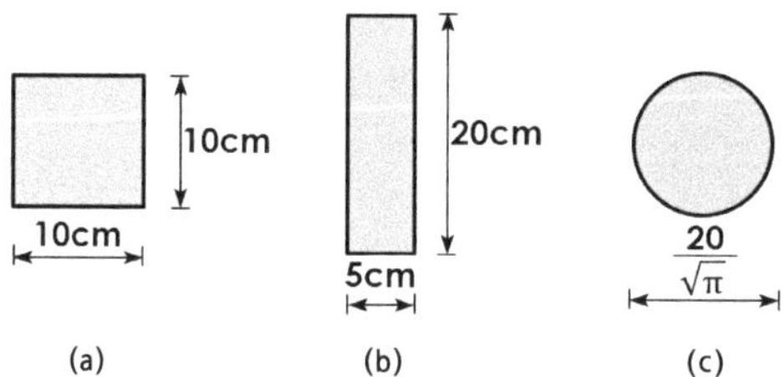

✪ 풀이

직사각형 단면은 약축에 대한 단면2차모멘트와 나머지 단면은 축에 관계없이 단면2차모멘트는

$$I_a = \frac{10^4}{12} = 9333.3\,\mathrm{cm}^4$$

$$I_b = \frac{20 \times 5^3}{12} = 208.3\mathrm{cm}^4$$

$$I_c = \frac{\pi \times \left(\frac{20}{\sqrt{\pi}}\right)^4}{64} = 7{,}850\mathrm{cm}^4$$

이다. 탄성좌굴하중은 단면2차모멘트에 비례하므로

$$\therefore P_{cr}^a : P_{cr}^b : P_{cr}^c = 9333.3 : 208.3 : 7850 = 1 : 0.02 \ : 0.84$$

📖 예제 3.2

양단이 핀으로 지지된 기둥의 길이가 6m이고 단면이 그림과 같을 때 탄성좌굴하중을 구하시오. (단 기둥의 E=200GPa)

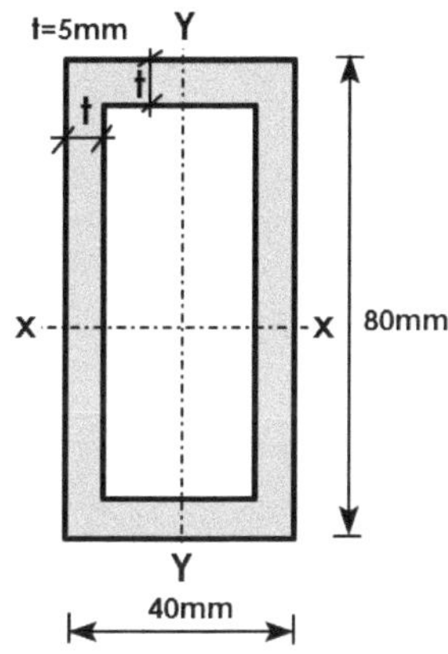

✪ 풀이

단면2차모멘트는

$$I_x = \frac{40 \times 80^3}{12} - \frac{30 \times 70^3}{12} = 84.9\,\text{cm}^4$$

$$I_y = \frac{80 \times 40^3}{12} - \frac{70 \times 30^3}{12} = 26.9\,\text{cm}^4$$

좌굴은 약축 휨에 대하여 발생하므로 탄성좌굴하중은

$$\therefore P_{cr} = \frac{\pi^2 EI_y}{L^2} = \frac{\pi^2 \times (200 \times 10^9) \times (26.9 \times 10^{-8})}{6^2} = 14.7\text{kN}$$

예제 3.3

양단이 핀으로 지지된 H형강 기둥의 길이가 6m이고 기둥의 중간에서 약축 휨에 대하여 가새에 의해 지지되어 있을 때 탄성좌굴하중을 구하시오. 단 기둥의 E=200GPa, H형강의 단면2차모멘트는 $I_x = 65.38 \times 10^6 \mathrm{mm}^4, I_y = 22.0 \times 10^6 \mathrm{mm}^4$ 이다.

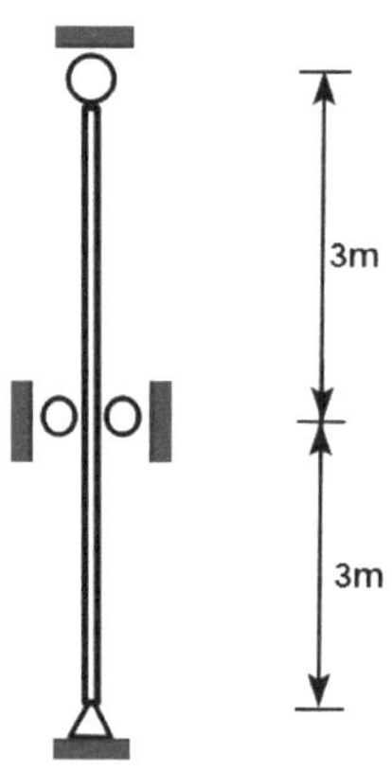

풀이

좌굴길이는 강축 휨에 대하여 6m이나 약축 휨은 중간에 횡방향으로 구속되어 있어 3m이다. 탄성좌굴하중은

$$P_{cr}^x = \frac{\pi^2 EI_x}{L_x^2} = \frac{\pi^2 \times (200 \times 10^9) \times (65.38 \times 10^{-6})}{6^2} = 3,585\mathrm{kN}$$

$$P_{cr}^y = \frac{\pi^2 EI_y}{L_y^2} = \frac{\pi^2 \times (200 \times 10^9) \times (22.0 \times 10^{-6})}{3^2} = 4,825\mathrm{kN}$$

따라서 좌굴은 강축에 대하여 발생하고 탄성좌굴하중은 3,585kN이다.

📖 예제 3.4

아래의 그림에서 부재BD의 탄성좌굴에 대한 안전성을 검토하시오. (단 기둥의 단면2차모멘트는 20cm^4, E=200GPa)

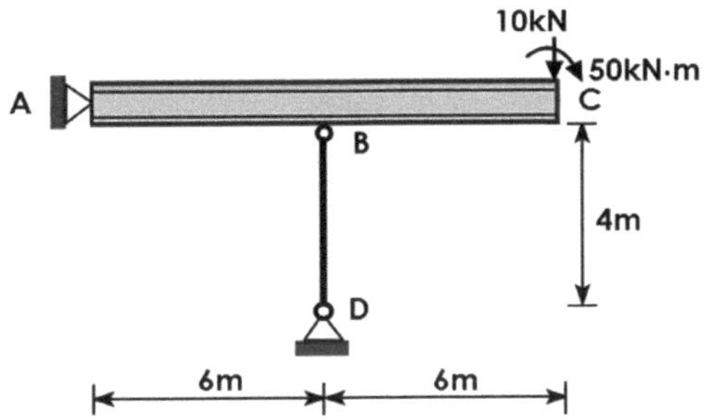

✪ 풀이

A점을 기준으로 모멘트 평형식을 세우면 부재BD에 작용하는 축력은

$$\sum M_A = 50 + 10 \times 12 - F_{BD} \times 6 = 0$$

$$\therefore F_{BD} = 28.3\text{kN}$$

이다. 부재BD의 탄성좌굴하중은

$$P_{cr}^{x} = \frac{\pi^2 EI}{L^2} = \frac{\pi^2 \times (200 \times 10^9) \times (20 \times 10^{-8})}{4^2} = 24.6\text{kN}$$

이다. 작용하는 압축력이 탄성좌굴하중보다 커서 좌굴이 발생한다.

3.3 다른 지지상태 기둥의 좌굴하중

기둥 양단의 지지조건이 달라지면 좌굴하중이 달라지는데 여기서는 5가지의 지지조건-1) 양단 고정단, 2) 양단 고정단(수평이동), 3) 힌지와 고정단(수평이동), 4) 고정단과 힌지, 5) 고정단과 자유단-을 적용한 기둥의 좌굴하중을 산정한다.

1) 양단 고정단

양단이 고정단인 경우(그림 3.6a) 하중이 좌굴하중이 되면 그림 3.6b와 같은 휨변형이 발생하는데 양단이 회전할 수 없어 변형곡선이 단순지지의 경우와 매우 다르다. 좌굴된 기둥의 자유물체도를 그림 3.6c와 같이 나타낼 수 있다.

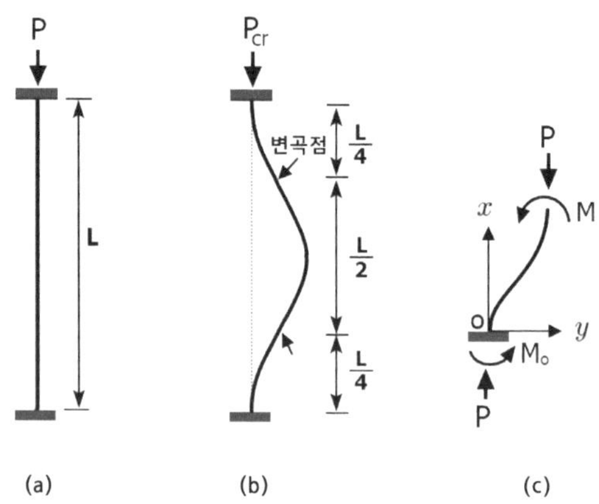

❙그림 3.6❙ 양단 고정된 기둥의 좌굴

그림 3.6c에서 o점에 대한 모멘트 평형조건을 적용하면

$$M - P \times y + M_o = 0$$

이고 2.2절에서 유도한 보의 처짐과 휨모멘트와의 관계식은 아래와 같다.

$$\frac{d^2y}{dx^2} = -\frac{M}{EI}$$

모멘트 평형식은 다음과 같은 미분방정식이 된다.

$$y'' + \alpha^2 \times y = \frac{M_o}{EI}, \quad \alpha = \sqrt{\frac{P}{EI}}$$

미분방정식의 해는 일반해(y_h)와 특수해(y_p)가 있는데 다음과 같다.

$$y_h = Acos(\alpha x) + Bsin(\alpha x)$$

$$y_p = \frac{M_o}{P}$$

따라서 미분방정식의 완전해는

$$y = Acos(\alpha x) + Bsin(\alpha x) + \frac{M_o}{P}$$

이다. $x=0$에서 $y = y' = 0$이므로

$$A = -\frac{M_o}{P}, \ B = 0$$

이다. 따라서 기둥의 처짐식은

$$y = \frac{M_o}{P}[1 - cos(\alpha x)]$$

이다. 그리고 $x = L$에서 $y = 0$이므로

$$1 - cos(\alpha L) = 0$$

$$\therefore \alpha L = 2n\pi \ (n = 1,\ 2,\ 3.....)$$

이다. 따라서 좌굴하중은 아래와 같다.

$$\alpha^2 = \left(\frac{2n\pi}{L}\right)^2 = \frac{P_{cr}}{EI}$$

$$\therefore P_{cr} = 4n^2\frac{\pi^2 EI}{L^2}$$

$n = 1$인 경우 좌굴하중과 기둥의 곡선식은

$$P_{cr} = 4\frac{\pi^2 EI}{L^2}$$

$$y = \frac{M_o}{P}[1 - \cos(\frac{2\pi x}{L})]$$

이다. 양단고정인 경우 양단 단순지지의 경우보다 좌굴하중이 4배 증가하는 것을 알 수 있다. 다시 말해, 기둥의 양단을 고정시키면 단순지지의 기둥보다 4배의 하중을 가해야 좌굴한다. 양단고정인 기둥은 모멘트가 0인 변곡점이 있는데 위에서 구한 변형식과 모멘트와 변형과의 관계식 $\frac{d^2y}{dx^2} = -\frac{M}{EI}$ 으로부터 모멘트가 0인 위치는

$$x = \frac{1}{4}L,\ \frac{3}{4}L$$

으로 그림 3.6b에 변곡점의 위치(화살표)가 표시되어 있다.

2) 양단 고정단(수평이동)

앞에서 구한 양단고정이고 수평이동이 없는 기둥의 변형식은

$$y = \frac{M_o}{p}[1 - cos\,(\alpha x)]$$

이다. 그림 3.7a는 양단이 고정되어 있으나 고정단의 수평이동이 가능한 기둥의 좌굴에서는 상부 지지점의 회전이 구속되어 $x = L$에서

$$y' = \frac{\alpha M_o}{p}\sin(\alpha L) = 0$$

이므로 $\alpha L = \pi$ 이다. 따라서 탄성좌굴하중은 아래와 같다.

$$\alpha^2 = \left(\frac{\pi}{L}\right)^2 = \frac{P_{cr}}{EI}$$

$$\therefore P_{cr} = \frac{\pi^2 EI}{L^2}$$

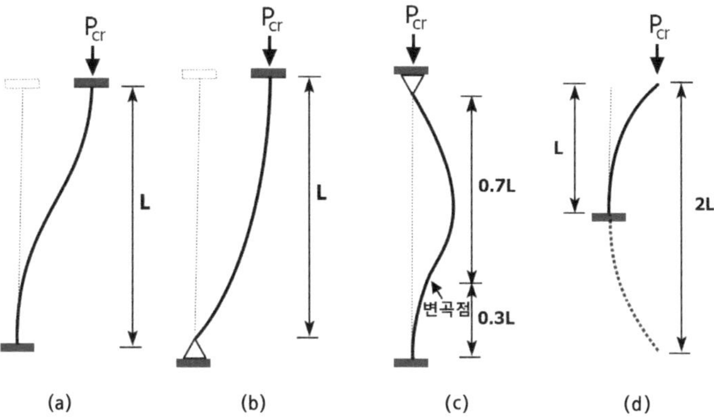

| 그림 3.7 | 단순지지와 및 수평이동한 기둥의 좌굴

3) 힌지와 고정단(수평이동)

그림 3.7b는 힌지와 고정단으로 지지되어 있으나 고정단이 수평으로 이동하는 기둥의 좌굴이다. 앞에서 단순지지이고 수평이동이 없는 기둥의 변형식은

$y = B\sin(\alpha x)$

인데, 고정단이 이동하였으나 회전이 구속되어 $x = L$에서

$y' = \alpha B\cos(\alpha L) = 0$

이므로 $\alpha L = \dfrac{\pi}{2}$ 이다. 따라서 탄성좌굴하중은 아래와 같다.

$$\alpha^2 = \left(\frac{\pi}{2L}\right)^2 = \frac{P_{cr}}{EI},$$

$$\therefore P_{cr} = \frac{\pi^2 EI}{4L^2}$$

4) 고정단과 힌지

그림 3.7c와 같이 고정단과 힌지로 지지된 기둥의 좌굴하중은 수치해석적 방법으로 구해지는데 아래와 같다.

$$P_{cr} = \frac{2.05\pi^2 EI}{L^2} = \frac{\pi^2 EI}{(0.7L)^2}$$

5) 고정단과 자유단

그림 3.7d와 같이 고정단과 자유단으로 지지된 기둥의 변형식은

$y = \delta\{1 - \cos(\alpha x)\}$

인데 여기서 δ는 자유단에서의 수평방향 변형을 나타낸다. 경계조건 $x = L, y = \delta$을 적용하면

$\cos(\alpha L) = 0$이고, $\alpha L = \frac{n\pi}{2}$ $(n = 1, 3, 5....)$이다. 따라서 좌굴하중은 아래와 같다.

$$P_{cr} = \frac{\pi^2 EI}{4L^2}$$

지금까지 유도한 기둥들의 탄성좌굴하중을 1개의 식으로 나타내기 위하여 기둥 길이를 KL로 하여 아래와 같이 나타낼 수 있다.

$$P_{cr} = \frac{\pi^2 EI}{(KL)^2}$$

여기서 K를 유효좌굴길이계수라 하고 지지상태에 따라 다음과 같다.

(1) $K = 1.0$, 단순지지

(2) $K = 0.5$, 양단 고정

(3) $K = 1.0$, 양단 고정-수평이동

(4) $K = 2.0$, 고정과 힌지-수평이동

(5) $K = 2.0$, 고정과 자유

(6) $K = 0.7$, 고정과 힌지

유효좌굴길이계수 K는 기둥이 좌굴했을 때 좌굴된 곡선 중 단순지지(양단에서 모멘트=0)인 부분의 길이가 기둥길이의 몇 배인지를 나타내는 것으로 KL을 유효좌굴길이라 한다. 예를 들어 그림 3.6b에서 좌굴된 길이 중 변곡점 구간의 길이가 $0.5L$로 양단 고정된 기둥의 유효좌굴길이는 $0.5L$이고, 그림 3.7c에서 고정단과 힌지로 지지된 기둥의 유효좌굴길이는 $0.7L$이다. 고정단과 자유단으로 지지된 기둥(그림 3.7d)은 기둥 길이만큼 아래로 연장(점선)해야 모멘트 0인 구간이 만들어지므로 유효좌굴길이는 $2L$이다.

예제 3.5

직경 30cm인 원형 기둥의 하단은 고정단이고 상단은 보에 의해 지지되어 있다. 상단의 지지상태는 1)고정단, 2)힌지로 가정하여 기둥의 최대하중을 구하시오. 단 기둥의 E=20GPa, 최대 압축응력은 250MPa 이다.

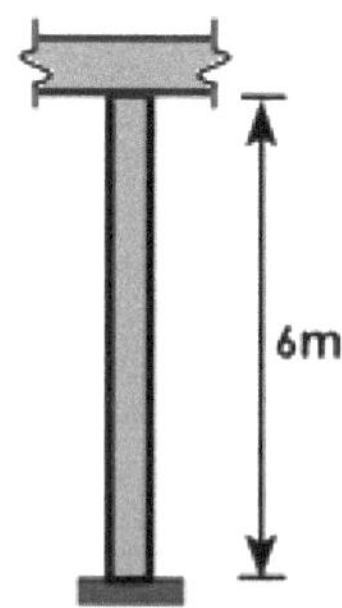

풀이

압괴에 의한 최대하중은 아래와 같다.

$$P_{\max} = \frac{\pi^2 \times 30^2}{4} \times 10^{-4} \times (250 \times 10^6) = 17.7\text{MN}$$

탄성좌굴에 의한 최대하중은 아래와 같다.

1) 양단고정

$$P_{cr} = \frac{\pi^2 EI}{(KL)^2} = \frac{\pi^2 \times (20 \times 10^9)(3.974 \times 10^{-4})}{(0.5 \times 6)^2} = 8.7\text{MN}$$

따라서 최대하중은 8.7MN이다.

2) 1단고정 타단 힌지

$$P_{cr} = \frac{\pi^2 EI}{(KL)^2} = \frac{\pi^2 \times (20 \times 10^9)(3.974 \times 10^{-4})}{(0.7 \times 6)^2} = 4.4\text{MN}$$

따라서 최대하중은 4.4MN이다.

📖 예제 3.6

그림과 같이 양단이 고정된 기둥이 중간에서 약축휨에 대하여 횡지지되어 있다. 기둥의 탄성좌굴하중을 구하시오. 단 기둥의 E=20GPa이다.

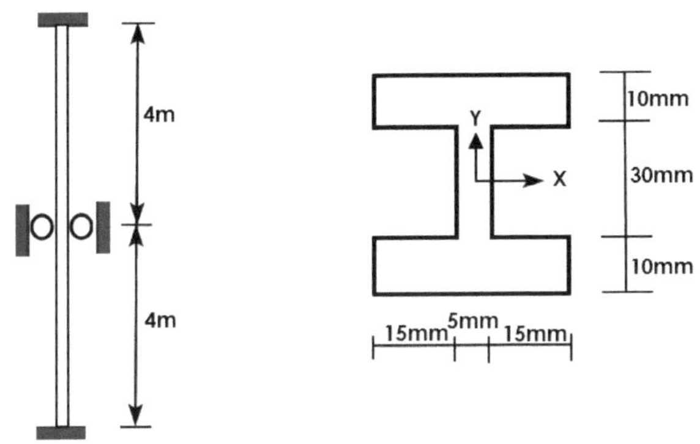

✪ 풀이

$$I_x = \frac{35\times 50^3}{12} - \frac{30\times 30^3}{12} = 297,083\,\text{mm}^4$$

$$I_y = 2\times \frac{10\times 35^3}{12} + \frac{30\times 5^3}{12} = 71,770\text{mm}^4$$

강축휨에 대한 지지상태는 양단고정으로 $K=0.5, L=8\text{m}$ 이고, 약축휨에 대한 지지상태는 고정-힌지로 $K=0.7, L=4\text{m}$ 이라 탄성좌굴하중은 다음과 같다.

$$P_{cr}^x = \frac{\pi^2 \times (20\times 10^9)\times (297083\times 10^{-12})}{(0.5\times 8)^2} = 3.66\text{kN}$$

$$P_{cr}^y = \frac{\pi^2 E I_y}{L_y^2} = \frac{\pi^2 \times (20\times 10^9)\times (71770\times 10^{-12})}{(0.7\times 4)^2} = 1.80\text{kN}$$

따라서 탄성좌굴하중은 1.80kN이다.

연습문제

3.1

양단이 고정단으로 지지된 5m 기둥의 단면이 그림과 같을 때 기둥에 가할 수 있는 최대 축하중을 구하시오. 단 기둥의 E=200GPa, 최대 압축응력은 70MPa이다.

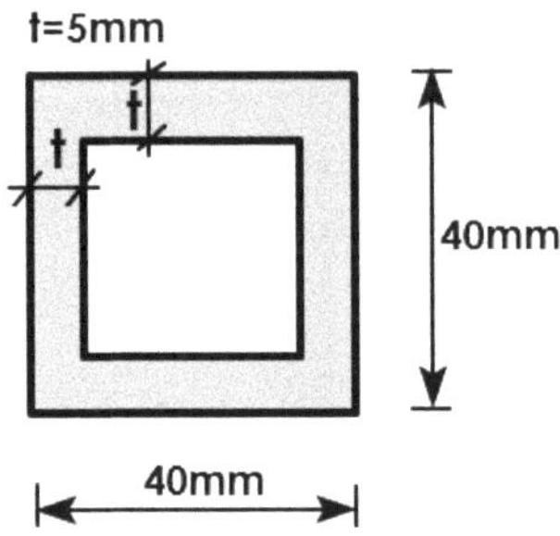

3.2

다음 트러스에서 부재AD에 좌굴이 발생하는지 검토하시오. 단 E=200GPa이다.

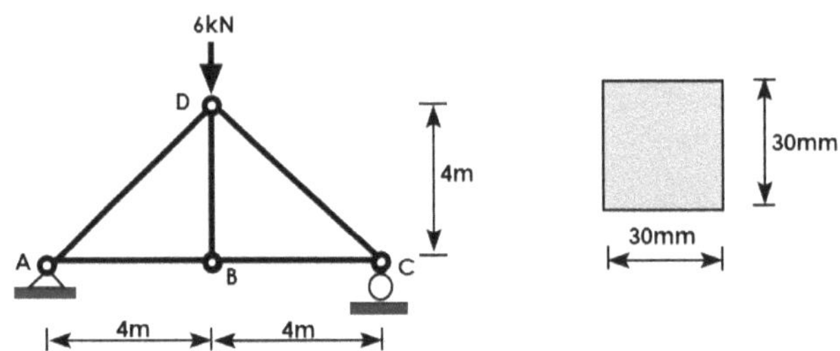

3.3(*)

아래 트러스의 부재AD에서 탄성좌굴이 발생하지 않기 위한 최소 단면2차모멘트를 구하시오. 단 E=200GPa이다.

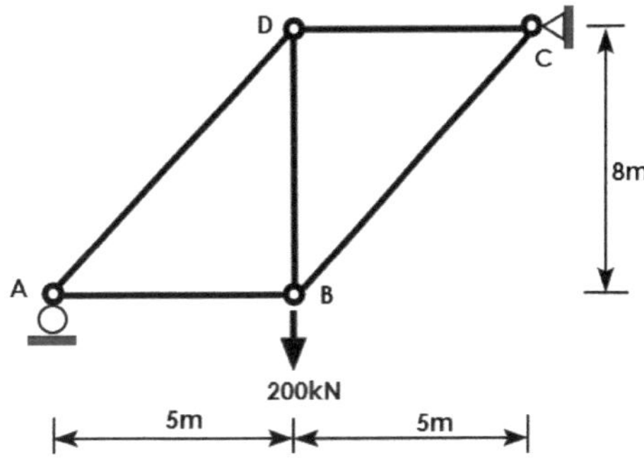

3.4(***)

아래 트러스에서 C점에 가할 수 있는 W의 최대값를 구하시오. 부재의 단면은 모두 같고 최대인장응력과 최대압축응력은 30MPa, E=200GPa이다.

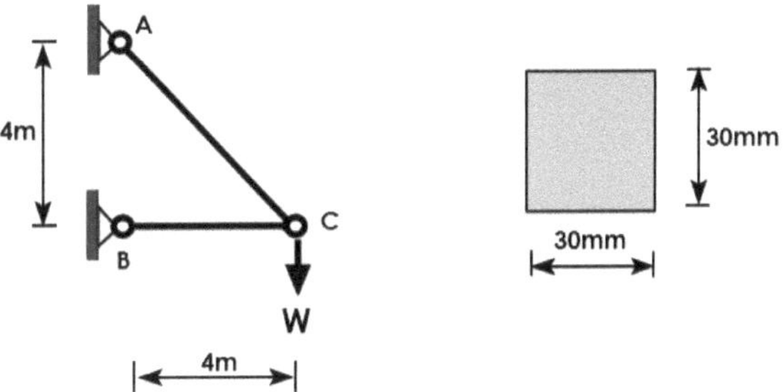

3.5(*)

그림과 같은 단면을 가진 기둥이 1/3위치에서 약축 휨에 대하여 횡방향으로 지지되어 있을 때 기둥의 탄성좌굴하중은 얼마인가?

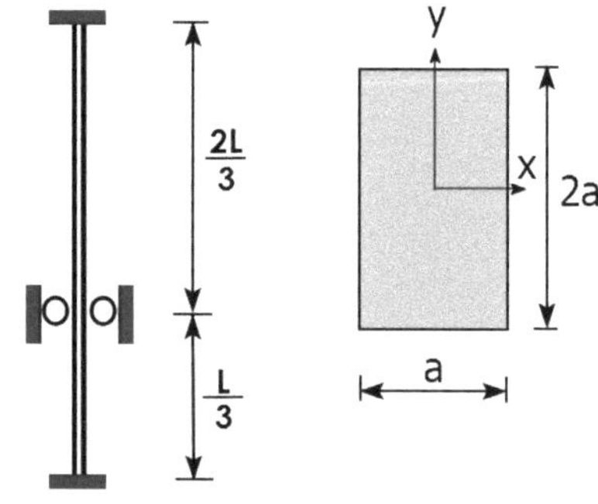

제 4 장

부정정 보의 해석

4.1 부정정 구조의 소개

4.2 부정정 구조의 판별

4.3 변형일치법

4.4 처짐각법

4.5 모멘트분배법

4.1 부정정 구조의 소개

정역학의 평형조건으로 반력, 부재력을 정할 수 있는 구조는 정정 구조이고 정할 수 없으면 부정정 구조이다. 그림 4.1에는 보의 지지점에 변화를 주어 정정 구조와 부정정 구조에 대한 예를 나타내었다. 부정정 보(e-h)는 평형조건만으로 반력을 구할 수 없고 추가적인 식이 필요하다.

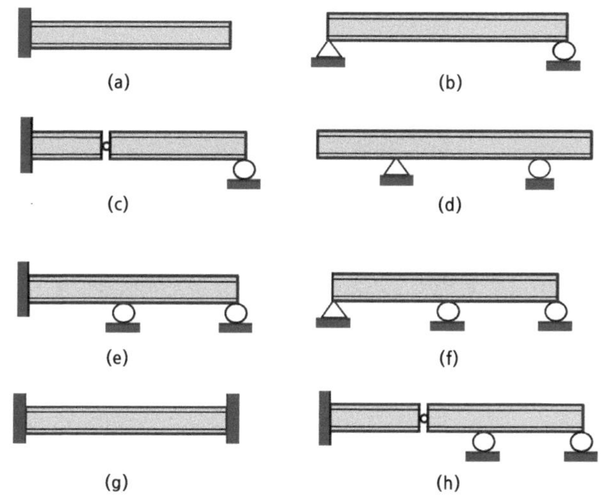

▌그림 4.1▌ 정정 보(a-d)와 부정정 보(e-h)

정정 구조에서는 반력이나 부재력을 구하는데 부재의 길이, 하중, 지지점의 조건만 필요하였는데 부정정 구조에서는 부재의 변형에 관한 방정식을 추가적으로 세워야 하기 때문에 부재를 구성하는 재료의 물성 및 단면의 크기에 대한 물리량이 있어야 한다. 정정 구조와 부정정 구조의 차이점을 표4.1에 정리하였다. 온도변화에 따른 부재의 거동을 살펴보면 그림 4.2에 지지점이 다른 2가지 보의 예를 나타내었다. 정정 보(그림 4.2a)는 온도변화에 따른 변형을 롤러 지지점이 움직여서 변형을 수용한다. 그러나 부정정 보(그림

4.2b)는 힌지 지지점이 이동하지 못하므로 보의 내부에 응력이 발생하여 점선과 같이 보의 변형이 발생한다.

| 표 4.1 | 정정 구조와 부정정 구조의 차이점

	정정 구조	부정정 구조
부재력 산정시 필요	평형조건식	평형조건식 재료물성, 단면
온도변화의 영향	×	응력발생
부재력의 재분배	×	○
안전성	〈	
부재 단면크기	〉	

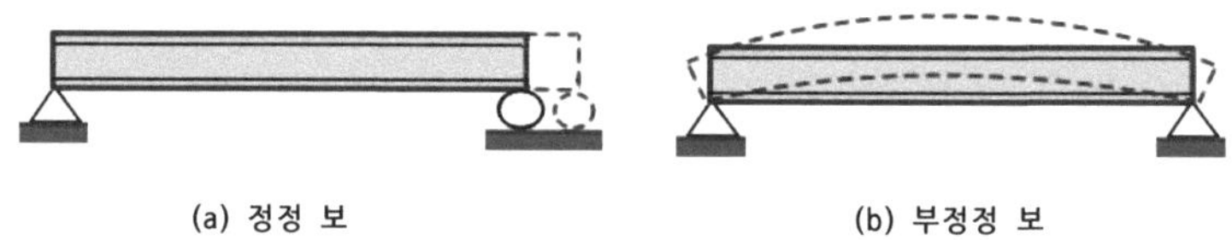

| 그림 4.2 | 온도변화의 영향

부재력의 재분배는 일부 부재에서 성능이 저하되어 설계된 대로 기능을 수행하지 못하는 경우 연결되어 있는 인접부재가 부재력을 부담하는 것을 의미한다. 부정정 구조에서는 가능하지만 정정 구조에서는 불가능하다. 예를 들어 그림 4.3a에서 내부힌지가 기능을 하지 못하고 파괴된다면 정정 구조에서는 AB구간이 붕괴되는데 그림 4.3b의 부정정 구조에서는 AB구간이 정정 구조로 붕괴되지 않는다. 따라서 부정정 구조의 안전성이 더 큰 것을 알 수 있다.

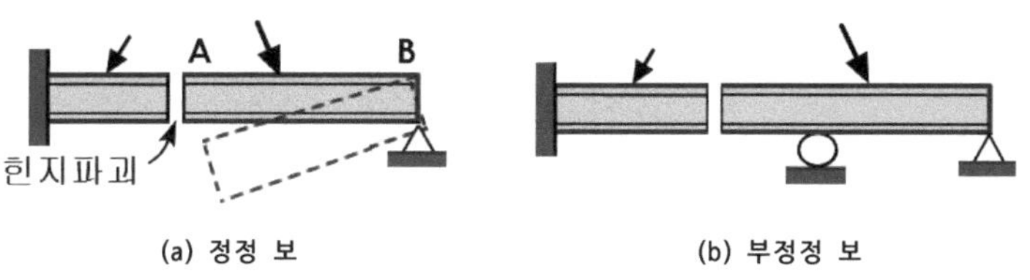

❙그림 4.3❙ 부재력의 재분배

부정정 구조는 부재와 지지점이 정정 구조보다는 많기 때문에 반력이나 부재력의 최대값이 정정 구조보다는 작다. 그림 4.4에는 단순보와 고정단과 롤러로 지지된 보의 모멘트도가 그려져 있다. 보의 부재 사이즈를 정할 때는 먼저 최대 모멘트의 값을 기준으로 정한다. 그림 에서 보듯이 정정 보의 최대 모멘트가 큰 것을 알 수 있다. 따라서 정정 보의 부재 사이즈가 커진다.

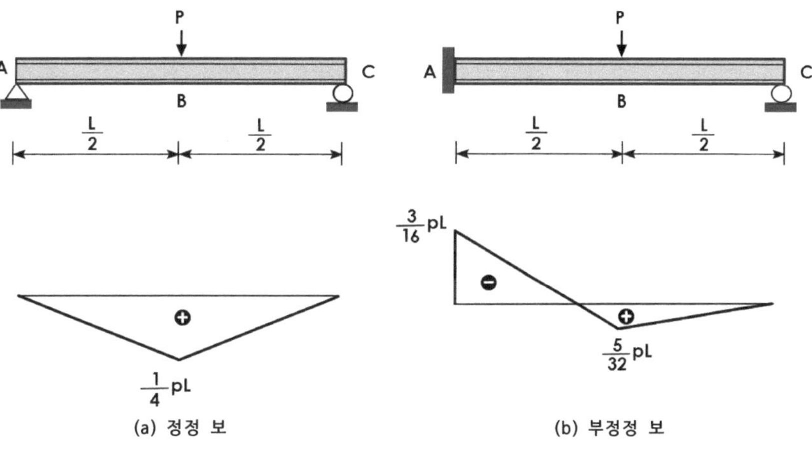

❙그림 4.4❙ 최대 모멘트의 비교

4.2 부정정 구조의 판별

구조의 정정 또는 부정정 상태의 판별은 구조체의 안정성과 관련이 있다. 부정정 구조의 부재력은 정정 구조에서 남는 힘이 있다는 의미로 여분이라 한다. 책상다리가 3개면 기능은 할 수 있지만 경우에 따라서는 안전하지 않을 수 있다. 책상다리가 4개가 되면 비로소 안전하다고 생각 할 수 있다. 그런데 여기에 책상다리 1개를 더 붙이면 이것은 여분이 된다. 구조체에서 여분은 많으면 많을수록 안전성은 좋아지지만 효율성을 고려한 여분이 합리적으로 배치되어야 한다.

부정정 차수는 반력과 부재력의 개수와 절점에서 평형조건으로는 세울 수 있는 방정식의 개수의 차이로 결정된다. 판별은 2가지로 나누어 생각한다. 먼저 지지점의 반력 개수만 고려하는 것을 외적(external) 부정정을 판별한다고 한다. 부재와 절점은 고려하지 않는다. 평면상에서 구조체가 안정된 상태기 되기 위해서는 반력이 최소 3개 필요하나 그림 4.5에서 보듯이 반력이 3개라도 불안정할 수도 있다.

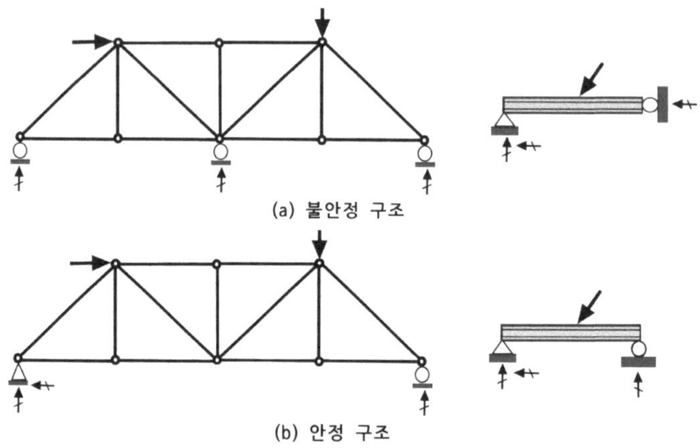

그림 4.5 반력과 구조체의 안정성

내적 부정정은 부재수, 부재간 접합형태, 절점수에 의해 결정된다. 트러스(그림 4.6)에서 3개 절점에 3개 부재일 때 안정한 구조가 되고 정정 구조(a)이다. 부재와 절점을 증가시켜도 정정 구조(b)가 된다. 그런데 부재가 모자라면 불안정한 구조(c)가 돼서 구조체로 역할을 할 수 없다. 따라서 부재를 추가하면 다시 안정구조(d)가 되고 부재를 더 추가하면 부정정구 조(e)가 된다. 트러스의 부정정 차수는 다음과 같다.

$$i_{트러스} = r + m - 2j$$

여기서 r은 반력수, m은 양단 힌지로 된 부재수, j는 절점수이다

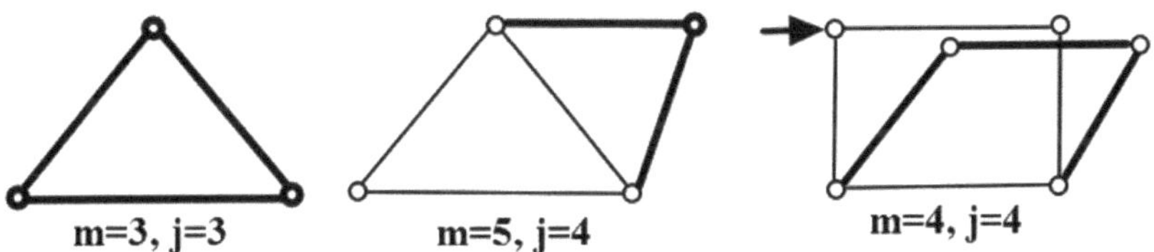

(a) 기본형태(정정구조, 안정) (b) 절점/부재 추가(정정구조, 안정) (c) 불안정한 형상(불안정)

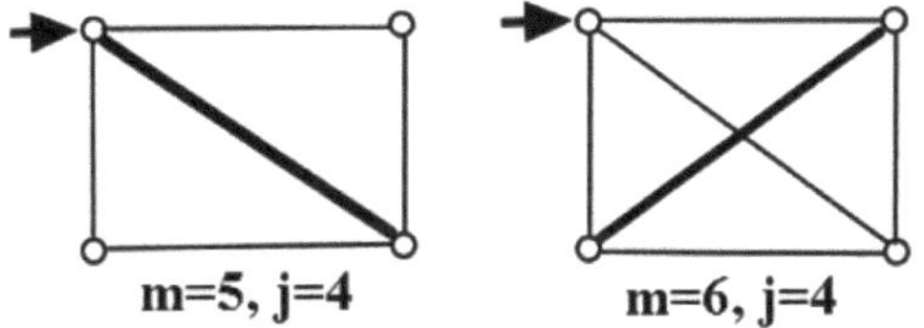

(d) 안정된 형상(정정구조, 안정) (e) 여분의 부재(부정정구조, 안정)

▌그림 4.6▐ 트러스의 내적 부정정

트러스의 판별식을 아래의 3가지 보에 적용하여 보의 부정정 차수를 알아본다.

1) **단순보**

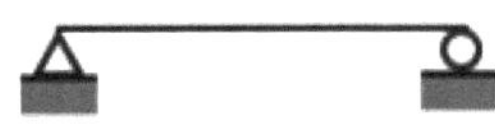

반력 3개, 절점 2개, 부재 1개로 정정 구조이다. 트러스의 판별식을 적용하면 $r+m-2j=0$으로 정정구조이다.

2) **내민보**

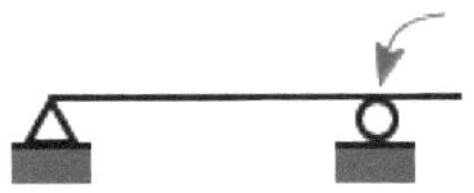

<u>한 쪽 내민 경우</u>: 반력3개, 부재 2개, 절점 3개(자유단도 포함)로 정정 구조이다. 트러스의 판별식을 적용하면 $r+m-2j=-1$이다. 판별식이 0이 아닌 것은 단순지지 부분의 부재와 내민 부분의 부재가 강절점(화살표)으로 연결되어 절점의 모멘트가 미지수가 되어 판별식에 1을 추가하여 $r+m+1-2j=0$으로 정정 구조가 된다.

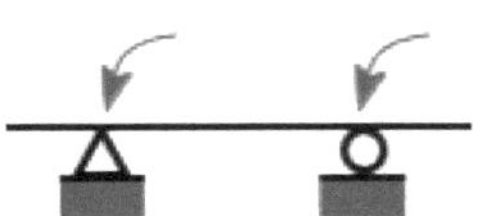

<u>양쪽 내민 경우</u>: 반력3개, 부재 3개, 절점 4개로 정정 구조이다. 트러스의 판별식을 적용하면 $r+m-2j=-2$이다. 강절점(화살표)이 2곳으로 절점의 모멘트가 미지수가 되어 판별식에 2를 추가하여 $r+m+2-2j=0$으로 정정 구조가 된다.

3) **게르버보**: 반력4개, 부재 2개, 절점 3개로 정정 구조이다. 트러스의 판별식을 적용하면 $r+m-2j=0$이다.

보에서 살펴 본 내용을 토대로 선부재(트러스, 보, 골조 등)가 절점(강절점, 힌지 등)으로 연결된 구조체에서 절점에 여러 개의 부재가 접합되어 있으면 강절점으로 접합된 부재의 수(e)만큼 미지수가 발생한다. 따라서 트러스의 판별식을 수정하여 아래와 같이 부정정 판별식을 세울 수 있다.

$$i = r + m + e - 2j$$

여기서 e는 절점에서 강접합으로 연결된 부재수이다. 힌지가 있는 연속절점과 불연속 지지단의 경우를 살펴보면 우측 그림에서 일직선으로 연결된 경우(a)는 절점의 미지수는 2개인데 절점 상하에 롤러로 부재가 지지되는 경우(b)는 미지수가 수직반력 1개이므로 b와 같은 형태의 절점에서는 e=-1을 적용해야 한다. 표 4.2에 절점에서 부재들이 연결 형태에 따라 e값을 산정한 예시를 나타내었다.

| 표 4.2 | 강절점 접합 부재수의 산정 예시

접합형태	설명	e
	절점 o에서 강절점으로 연결된 부재는 부재b. 부재c는 o점에 힌지로 접합됨	1
	절점 o에서 강절점으로 연결된 부재는 없음. 부재b, c는 o점에 힌지로 접합됨	0
	절점 o에서 강절점으로 연결된 부재는 부재b와 부재d. 부재c는 o점에 힌지로 접합됨	2

예제 4.1

다음 트러스의 부정정차수를 구하시오.

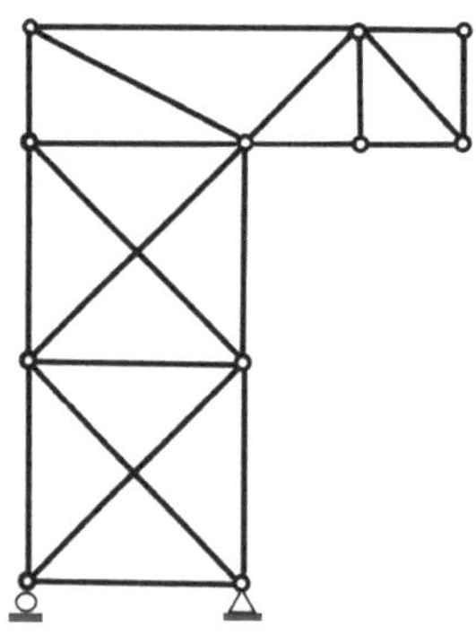

풀이

$r=3,\ \ m=21, e=0, j=11$

$\therefore i=3+21-2\times 11=2$

예제 4.2

다음 트러스의 부정정 차수를 구하시오.

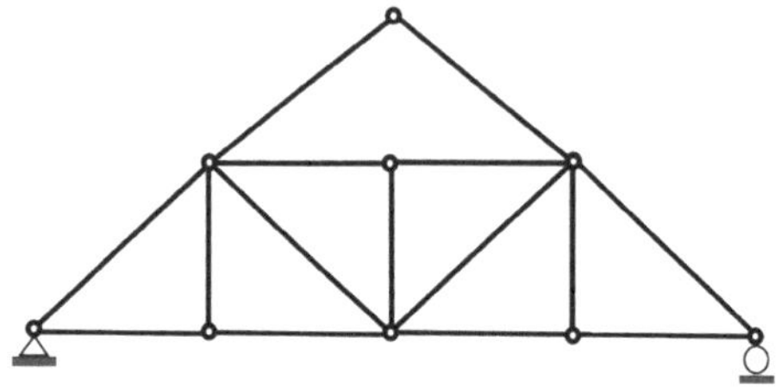

풀이

$r=3,\ \ m=15, e=0, j=9$

$\therefore i=3+15-2\times 9=0$

예제 4.3

다음 보의 부정정 차수를 구하시오.

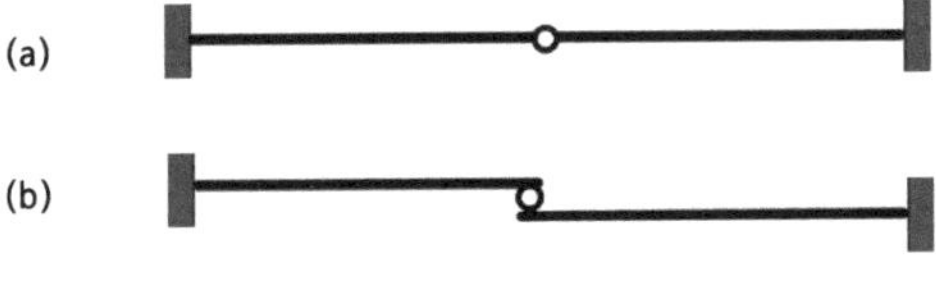

✪ 풀이

(a) $r=6,\ \ m=2, e=0,\ j=3$

$\therefore i=6+2-2\times 3=2$

(b) 중간의 롤러단은 지지점 역할을 하여 $e=-1$,

$r=6,\ \ m=2, e=-1,\ j=3$

$\therefore i=6+2-1-2\times 3=1$

(c) $r=6,\ \ m=3,\ \ e=0,\ \ j=4$

$\therefore i=6+3-2\times 4=1$

예제 4.4

다음 골조의 부정정 차수를 구하시오.

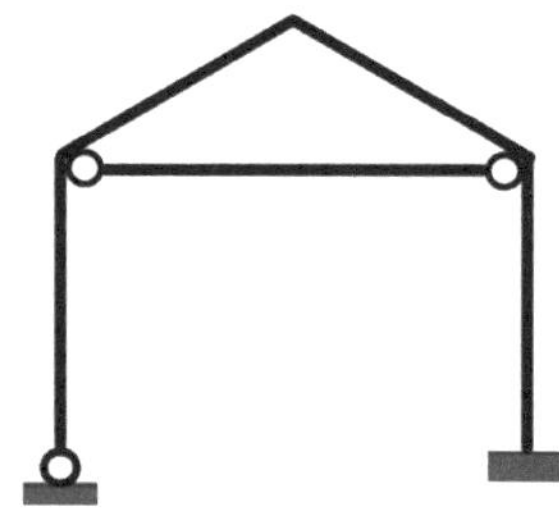

✪ 풀이

$r = 4,\ m = 5, e = 3,\ j = 5$

$\therefore i = 4 + 5 + 3 - 2 \times 5 = 2$

예제 4.5

다음 가새골조의 부정정 차수를 구하시오.

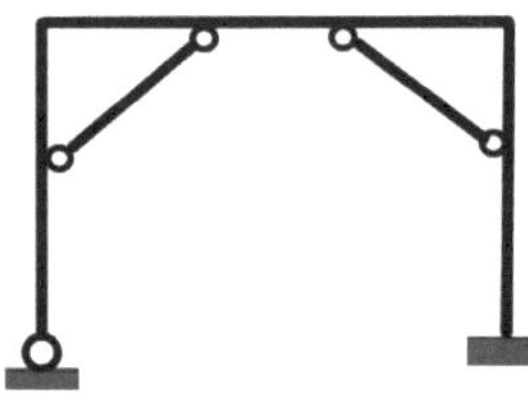

✪ 풀이

$r = 4,\ m = 9, e = 6,\ j = 8$

$\therefore i = 4 + 9 + 6 - 2 \times 8 = 3$

예제 4.6

다음 골조의 부정정 차수를 구하시오.

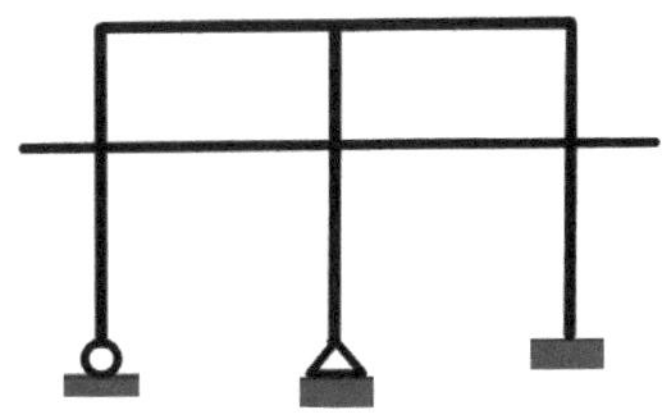

✪ 풀이

캔틸레버도 부재수에 포함하고 캔틸레버의 자유단도 절점으로 산정한다.

$r=6,\ m=12, e=13, j=11$

$\therefore i=6+12+13-2\times 11=9$

예제 4.7

다음 골조의 부정정 차수를 구하시오.

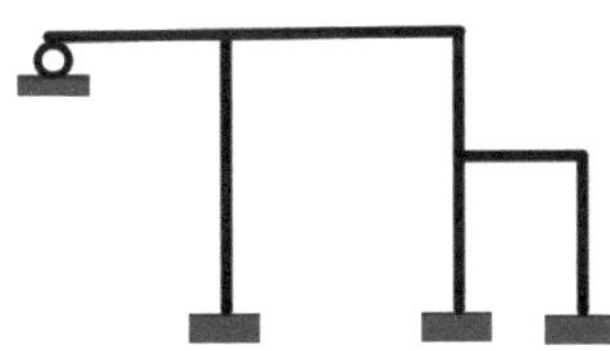

✪ 풀이

$r=10,\ m=7,\ e=6,\ j=8$

$\therefore i=10+7+6-2\times 8=7$

예제 4.8

다음 골조의 부정정 차수를 구하시오.

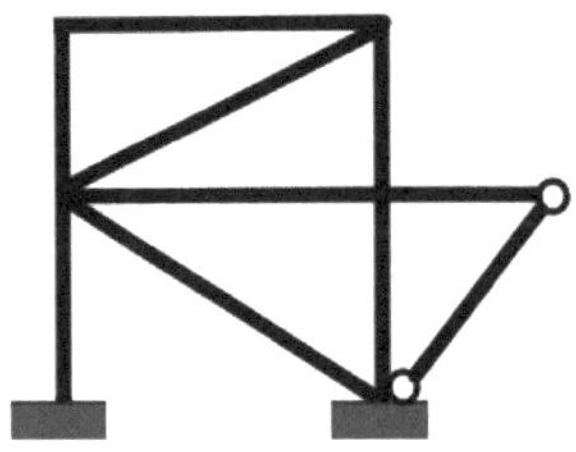

풀이

$r=6,\ m=10, e=11, j=7$

$\therefore i=6+10+11-2\times 7=13$

4.3 변형일치법

부정정 구조를 해석하기 위해서는 평형조건 외에 다른 조건이 필요한데 변형일치법은 지지점의 회전각이나 처짐의 조건을 이용하여 변형에 대한 관계식을 만들어 반력을 구하는 방법이다. 그림 4.7a에서 B점에 롤러 지지단이 있어 1차 부정정 구조가 된다. 그림 4.7b와 같이 지지점 B를 없애면 정정보가 되고 정정보에서 B점의 처짐을 구한다. 그리고 그림 5.6c와 같이 지지점의 반력을 정정보(원래의 하중은 없어야 함)에 가하여 처짐을 구한다. 지지점 B에서 원래의 처짐 조건은 처짐이 0이므로 아래와 같이 식을 쓸 수 있다. 즉, 원래의 상태와 변형을 일치시키는 것이다.

$$y_B^1 + y_B^2 = 0$$

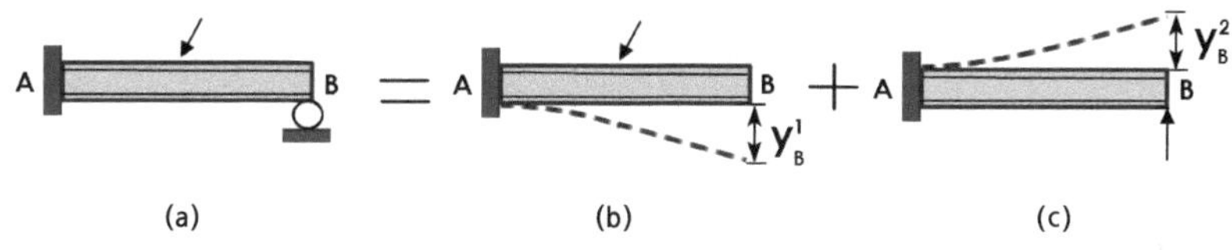

▎그림 4.7▎ 변형일치법의 원리

변형일치법을 적용하는 순서는 다음과 같다.

1. 부정정 차수를 파악한다.
2. 여분의 반력을 어느 것으로 할지 결정한다.
3. 여분의 반력을 제거하여 정정보를 만든다.
4. 정정보에서 여분의 반력을 제거한 지점에서의 회전각이나 처짐을 구한다.
5. 정정보에서 원래의 하중을 제거하고 여분의 반력을 작용시켜 회전각이나 처짐을 구한다.
6. 지점에서 변형이 일치되도록 변형일치 방정식을 세운다.
7. 방정식을 풀어 여분의 반력을 구한다.
8. 정정 구조가 되었으므로 평형조건을 이용하여 나머지 반력을 구한다.

변형일치법에서 여분의 반력을 어느 것으로 하느냐에 따라 계산량이 달라질 수 있다. 따라서 여분의 반력을 제거한 정정 구조에서 처짐(또는 회전각)의 계산이 간단한 상태가 되도록 여분의 반력을 선택한다.

예제 4.9

다음 보의 모멘트도를 그리시오.

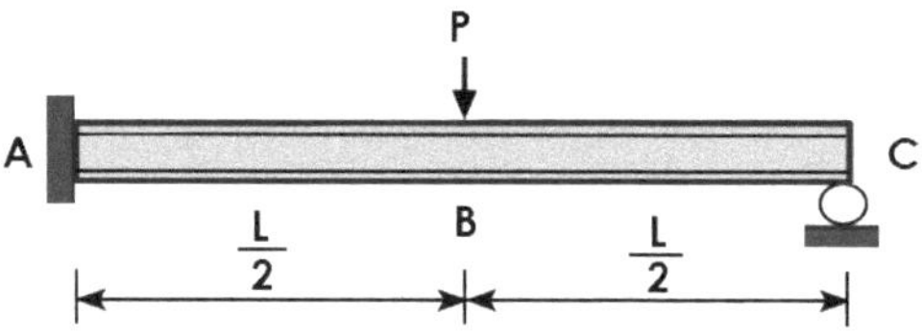

풀이

반력이 4개로 1차부정정이다.

1. C점의 반력을 여분의 반력으로 한다.

2. 지지점 C를 제거한 캔틸레버보의 처짐을 구한다. C점의 처짐을 모멘트면적법으로 구하면 다음과 같다.

$$y_c^1 = (-\frac{PL}{2EI} \times \frac{L}{2} \times \frac{1}{2}) \times (\frac{L}{2} + \frac{2}{3}\frac{L}{2}) = -\frac{5pL^3}{48EI}$$

3. C점에 여분의 반력을 가하여 처짐을 구한다. 캔틸레버 자유단의 처짐은

$$y_c^2 = \frac{R_c L^3}{3EI}$$

4. C점에서 변형일치 조건을 적용하여 반력을 구하면 다음과 같다.

$$y_c^1 + y_c^2 = 0$$

$$-\frac{5pL^3}{48EI} + \frac{R_c L^3}{3EI} = 0$$

$$\therefore R_c = \frac{5p}{16}$$

평형조건을 이용하여 나머지 반력을 구하면 아래 그림과 같다.

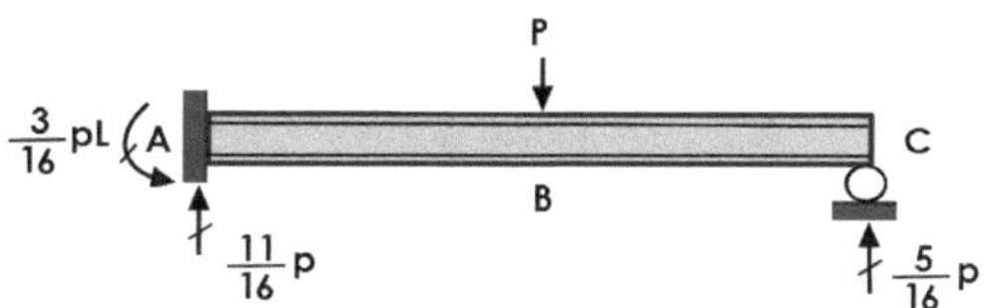

따라서 모멘트도는 다음과 같다.

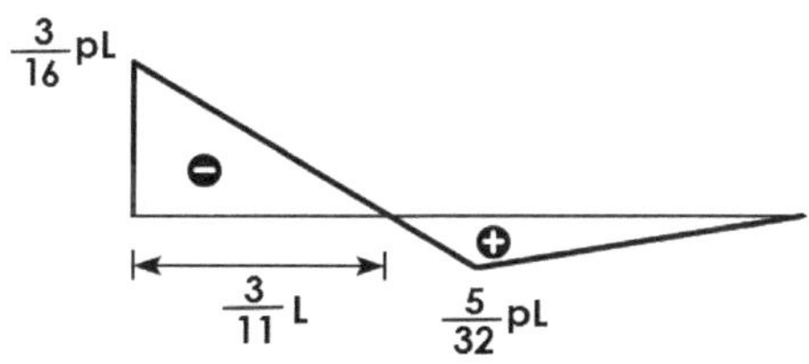

예제 4.10

다음 보 A, B점에서의 반력을 구하시오.

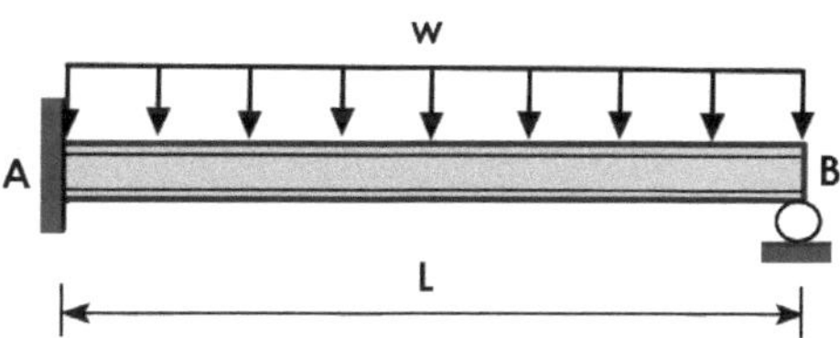

풀이

반력이 4개로 1차부정정이다.

1. B점의 반력을 여분의 반력으로 한다.
2. 지지점 B를 제거한 캔틸레버보의 처짐을 구한다. 모멘트도가 아래의 그림과 같이 포물선 형태이므로 공액보법을 적용하면 캔틸레버의 최대 처짐은

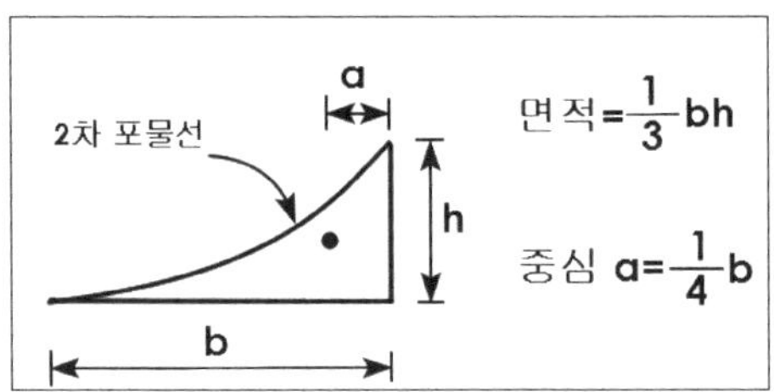

$$y_B^1 = -\frac{1}{3}bh \times (b - \frac{1}{4}b) = -\frac{b^2h}{4}$$

$$= -\frac{L^2 \times \frac{wL^2}{2}}{4}$$

$$= -\frac{wL^4}{8EI}$$

3. B점에 여분의 반력을 가하여 구한 캔틸레버의 처짐은

$$y_B^2 = \frac{R_B L^3}{3EI}$$

4. B점의 변형일치 조건을 적용하여 반력을 구하면 다음과 같다.

$$y_B^1 + y_B^2 = 0$$

$$-\frac{wL^4}{8EI} + \frac{R_B L^3}{3EI} = 0$$

$$\therefore R_B = \frac{3wL}{8}$$

수직방향 힘의 평형조건에

$$R_A + R_B = wL$$

$$\therefore R_A = \frac{5wl}{8}$$

모멘트의 평형조건에

$$\sum M:\ M_A + wL \times \frac{L}{2} - \frac{3wL}{8} \times L = 0$$

$$\therefore M_A = -\frac{wL^2}{8}$$

예제 4.11

다음 보의 B점의 반력을 구하시오

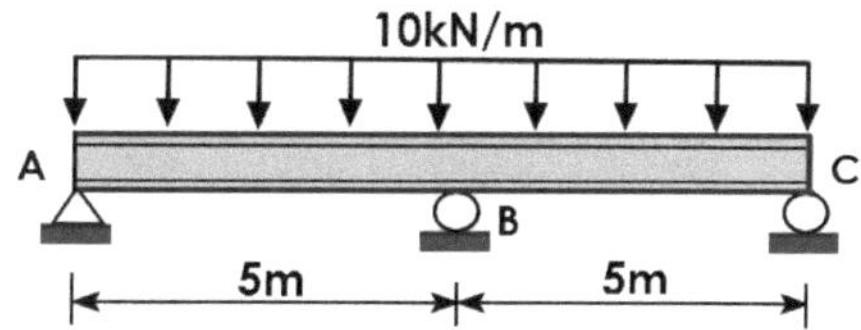

풀이

1. B점의 반력을 여분의 반력으로 한다.
2. 지지점 B를 제거한 단순지지보의 처짐을 구한다. 단순지지보의 최대 처짐은

$$y_B^1 = -\frac{5wL^4}{384EI} = -\frac{500,000}{384EI}$$

이다.

3. B점에 여분의 반력을 가하여 구한 단순지지보의 처짐은

$$y_B^2 = \frac{R_B L^3}{48EI} = \frac{1,000R_B}{48EI}$$

4. B점의 변형일치 조건을 적용하여 반력을 구하면 다음과 같다.

$$y_B^1 + y_B^2 = 0$$

$$-\frac{500,000}{384EI}+\frac{1,000R_B}{48EI}=0$$

$$\therefore R_B=\frac{125}{2}kN$$

예제 4.12

다음 보의 B점의 반력을 구하시오

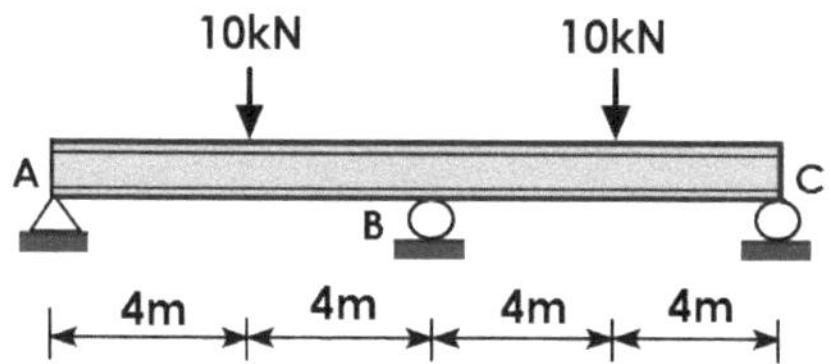

✪ 풀이

1. B점의 반력을 여분의 반력으로 한다.
2. 지지점 B를 제거한 단순지지보의 처짐을 구한다. 공액보법을 이용하여 처짐을 구하는데 공액보는 아래 그림과 같고 B점의 모멘트를 구하면 처짐이 되므로

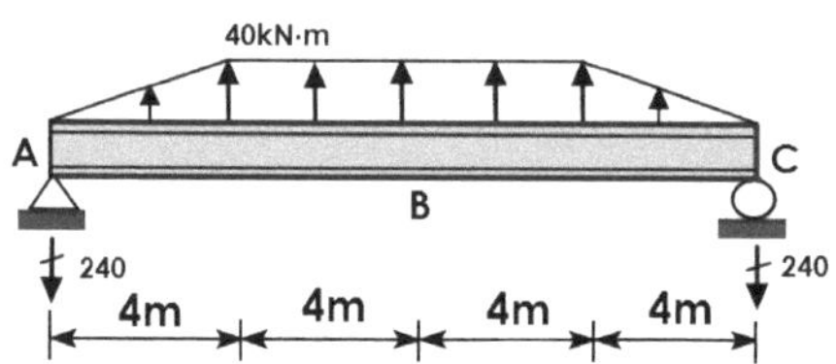

$$y_B^1=40\times4\times2+40\times4\times\frac{1}{2}\times(4+4\times\frac{1}{3})-240\times8$$

$$=-\frac{3,520}{3EI}$$

3. 여분의 반력을 가하여 처짐을 구한다. 단순보의 최대 처짐이므로

$$y_B^2 = \frac{R_B L^3}{48EI} = \frac{R_B (16)^3}{48EI} = \frac{4,096 R_B}{48EI}$$

4. B점의 수직처짐이 0이므로

$$y_B^1 + y_B^2 = 0$$

$$-\frac{3,520}{3EI} + \frac{4,096 R_B}{48EI} = 0$$

$$\therefore R_B = \frac{55}{4}\text{kN}$$

예제 4.13

A, B점의 반력을 구하시오.

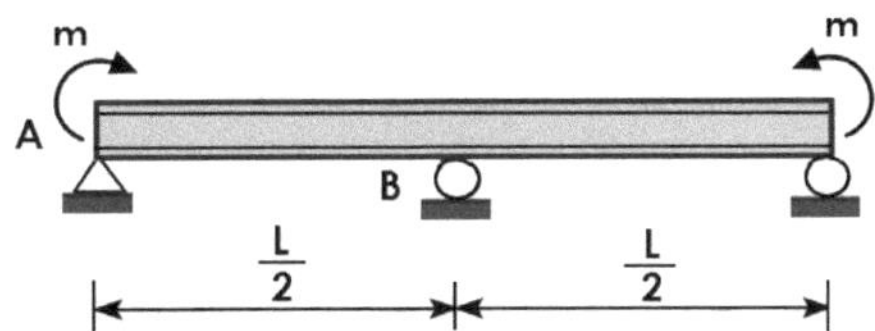

✪ 풀이

반력이 4개로 1차부정정이다.

1. B점의 반력을 여분의 반력으로 한다.
2. 지지점 B를 제거한 단순지지보의 처짐을 구한다. 공액보법을 이용하여 처짐을 구하는데 공액보는 아래 그림과 같고 B점의 모멘트를 구하면 처짐이 되므로

$$y_B^1 = -\frac{mL}{2} \times \frac{L}{4} = -\frac{mL^2}{8EI}$$

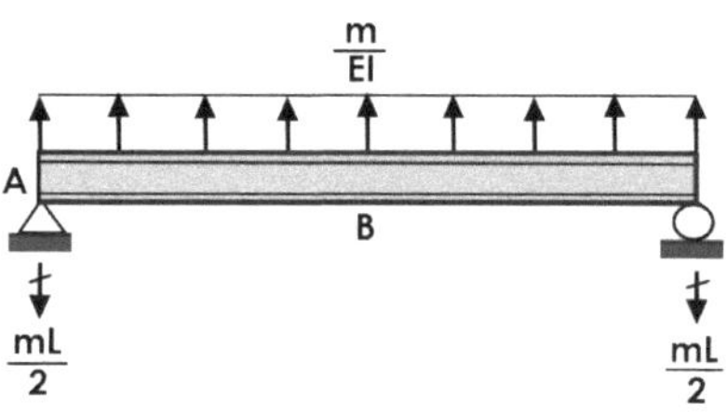

3. B점에 여분의 반력을 가하여 처짐을 구한다. 단순보의 최대 처짐이므로

$$y_B^2 = \frac{R_B L^3}{48EI}$$

4. B점의 수직처짐이 0이므로

$$y_B^1 + y_B^2 = 0$$

$$-\frac{mL^2}{8EI} + \frac{R_B L^3}{48EI} = 0$$

$$\therefore R_B = \frac{6m}{L}\ (\uparrow)$$

모멘트 평형조건에 의해 A점의 반력은 다음과 같다.

$$m - m + \frac{6m}{L} \times \frac{L}{2} + R_A \times L = 0$$

$$\therefore R_A = -\frac{3m}{L}\ (\downarrow)$$

예제 4.14

지지점 A와 B에서 반력을 구하시오.

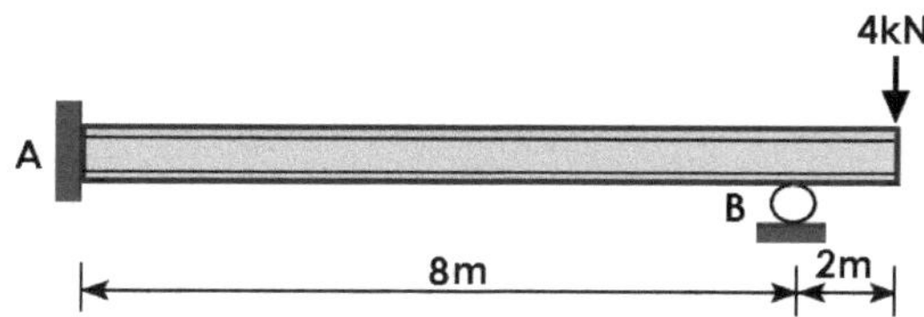

풀이

반력이 4개로 1차부정정이다.

1. B점의 반력을 여분의 반력으로 한다.
2. 지지점 B를 제거한 캔틸레버보의 처짐을 구한다. 공액보법을 이용하여 처짐을 구하는데 공액보는 아래 그림과 같고 B점의 모멘트를 구하면 처짐이 되므로

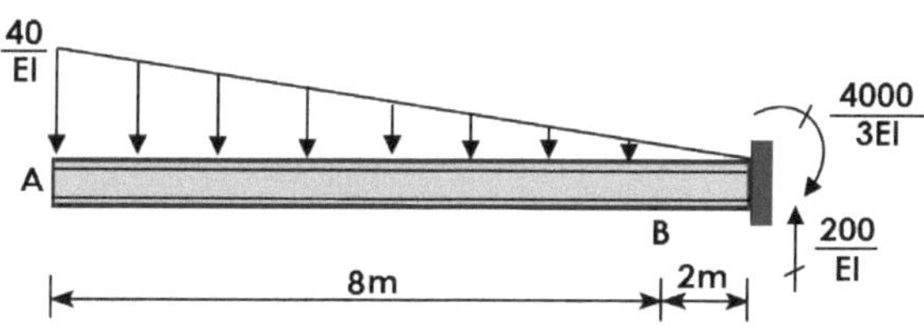

$$y_B^1 = -\frac{4000}{3EI} + \frac{200}{EI} \times 2 - \frac{8}{EI} \times 2 \times \frac{1}{3} = -\frac{2816}{3EI}$$

3. B점에 여분의 반력을 가하여 B점의 처짐을 구한다. 캔틸레버 보의 처짐이므로

$$y_B^2 = \frac{R_B L^3}{3EI} = \frac{512}{3EI} R_B$$

4. B점의 수직처짐이 0이므로

$$y_B^1 + y_B^2 = 0$$

$$-\frac{2816}{3EI}+\frac{512}{3EI}R_B=0$$

$$\therefore R_B = 5.5\text{kN} \ (\uparrow)$$

수평방향 힘의 평형조건에 의해 A점의 반력은

$$R_A + 5.5 - 4 = 0$$

$$\therefore R_A = -1.5\text{kN} \ (\downarrow)$$

이고 모멘트 평형조건에 의해 A점의 모멘트는 다음과 같다.

$$M_A + 4\times 8 - 5.5\times 8 = 0$$

$$\therefore M_A = 4\text{kN.m}$$

예제 4.15

지지점의 반력을 구하시오.

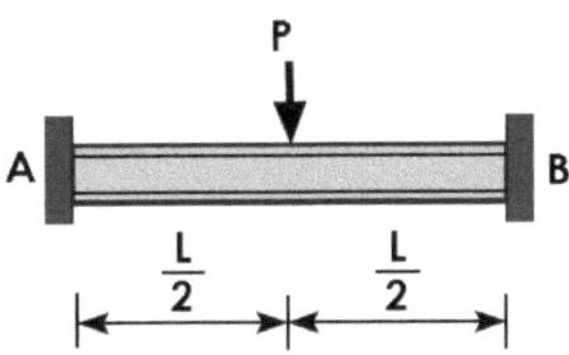

풀이

대칭형태이므로 A, B점의 반력은 같고 $R_A = R_B = \frac{p}{2}(\uparrow)$ 이다.

1. A, B점의 모멘트를 여분으로 한다.
2. 모멘트를 제거한 공액보(단순보)의 회전각은 $\theta_1 = \frac{pL^2}{16EI}$ 이다.
3. 양단의 모멘트를 적용한 공액보(단순보)에서 구한 회전각은 $\theta_2 = \frac{ML}{2EI}$ 이다.
4. A, B점의 회전각이 0이므로 $\theta_1 + \theta_2 = 0$ 이고 따라서 모멘트는

$$\therefore M_A = M_B = -\frac{pL}{8}$$

4.4 처짐각법

변형일치법에서는 여력의 선택을 해야 하고 절점에서 변형적합 방정식을 세워 여력을 구하는 방법으로 과정이 복잡하다. 처짐각법은 연속보에서 절점의 모멘트와 회전각 간의 관계를 이용한다. 그림 4.8에서 하중에 의해 A, B점의 위치가 A', B'로 변하였을 때 A, B점의 모멘트와 회전각 간의 관계식은 아래와 같다.

$$M_{AB} = \frac{2EI}{L}(2\theta_A + \theta_B - 3\psi) + FEM_{AB}$$

$$M_{BA} = \frac{2EI}{L}(\theta_A + 2\theta_B - 3\psi) + FEM_{BA}$$

여기서 $\psi = (\Delta_B - \Delta_A)/L$이고, FEM_{AB}, FEM_{BA}는 부재의 양단(A, B점)을 고정시켰을 때 양단에 생기는 고정단 모멘트(Fixed End Moment, FEM)라 한다. 처짐각법에서 시계방향모멘트를 (+)로 한다.

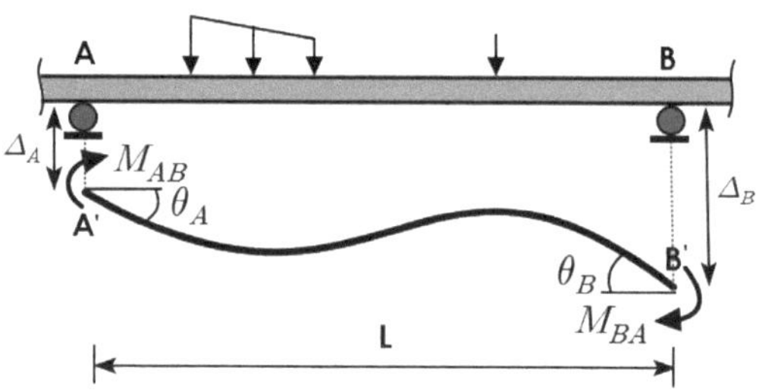

▎그림 4.8 ▎ 보의 양단 모멘트와 처짐각

처짐각법은 처짐각식을 이용하여 절점에서의 모멘트평형조건을 이용하여 절점에서 처짐과 처짐각을 구하고 이것을 다시 처짐각식에 대입하여 부재의 모멘트를 구한다.

이 방법을 적용하는 순서는 다음과 같다.

(1) 부재의 양단을 고정시키고 양단 고정모멘트를 구한다.

(2) 각 절점에서 처짐각식을 세운다.

(3) 각 절점에서 모멘트 평형식을 세워서 처짐각, 처짐을 구한다.

(4) (3)에서 구한 값을 (2)에 대입하여 부재단 모멘트를 구한다.

(5) 부재의 자유물체도에서 평형조건을 적용하여 전단력을 구한다.

예제 4.16

A점의 모멘트를 구하시오.

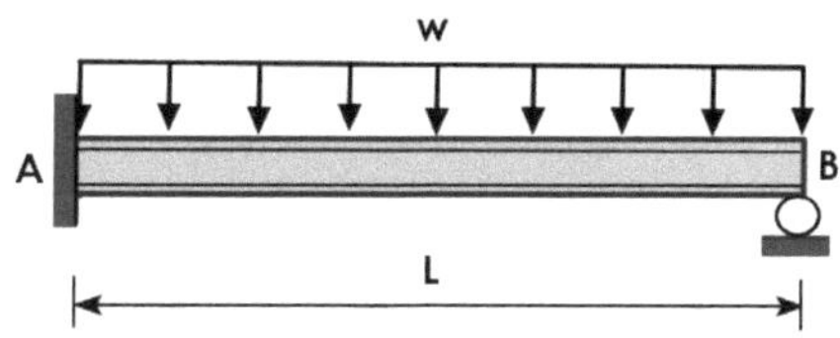

풀이

1. 양단을 고정시킨다. 양단 고정단 모멘트는

$$FEM_{AB} = -\frac{wL^2}{12},\ FEM_{BA} = \frac{wL^2}{12}$$

2. 처짐각식($\theta_A = 0$이고 A, B에서 처짐이 없으므로 $\psi = 0$)

$$M_{AB} = \frac{2EI}{L}(\theta_B) - \frac{wL^2}{12},\ M_{BA} = \frac{2EI}{L}(2\theta_B) + \frac{wL^2}{12}$$

3. 절점의 모멘트 평형: B점이 힌지이므로 모멘트는 0이다.

$$M_{BA} = \frac{2EI}{L}(2\theta_B) + \frac{wL^2}{12} = 0,\ \therefore \theta_B = -\frac{wL^3}{48EI}$$

4. 부재단 모멘트

$$\therefore M_{AB} = \frac{2EI}{L}(\theta_B) - \frac{wL^2}{12} = \frac{2EI}{L}(-\frac{wL^3}{48}) - \frac{wL^2}{12} = -\frac{wL^2}{8}$$

📖 예제 4.17

B점의 모멘트를 구하시오.

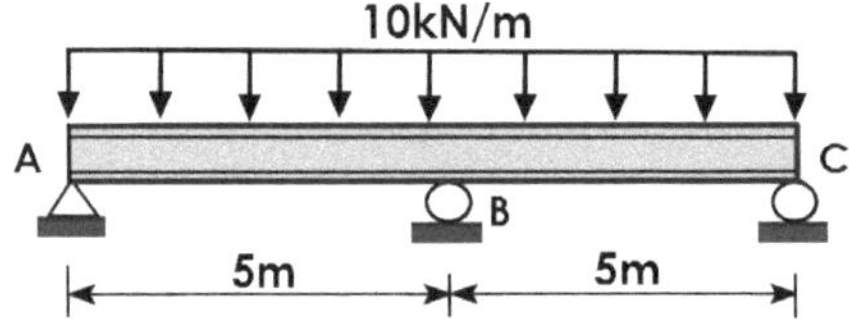

✪ **풀이**

1. 양단을 고정시킨다. 고정단 모멘트는

$$FEM_{AB} = -\frac{wL^2}{12} = -20.833kN.m,\ FEM_{BA} = 20.833,$$

$$FEM_{BC} = -20.833,\ FEM_{CB} = 20.833$$

2. 처짐각식(A, B, C에서 처짐이 없으므로 $\psi = 0$)

$$M_{AB} = \frac{2EI}{L}(2\theta_A + \theta_B) - 20.833,\ M_{BA} = \frac{2EI}{L}(\theta_A + 2\theta_B) + 20.833$$

$$M_{BC} = \frac{2EI}{L}(2\theta_B + \theta_C) - 20.833,\ M_{CB} = \frac{2EI}{L}(\theta_B + 2\theta_C) + 20.833$$

3. 절점의 모멘트 평형: A, C점이 힌지이므로 모멘트는 0이다.

$$M_{AB} = \frac{2EI}{L}(2\theta_A + \theta_B) - 20.833 = 0, \ \therefore \theta_A = \frac{20.833L}{4EI} - \frac{\theta_B}{2}$$

$$M_{CB} = \frac{2EI}{L}(\theta_B + 2\theta_C) + 20.833 = 0, \ \therefore \theta_C = -\frac{20.833L}{4EI} - \frac{\theta_B}{2}$$

B점에서 모멘트의 평형조건에 의해

$$M_{BA} + M_{BC} = 0, \ \therefore \theta_B = 0$$

4. 부재단 모멘트

$$\therefore M_{BA} = \frac{2EI}{L}(\theta_A + 2\theta_B) + 20.833 = 31.25\text{kN.m}$$

$$\therefore M_{BC} = \frac{2EI}{L}(2\theta_B + \theta_C) - 20.833 = -31.25\text{kN.m}$$

4.5 모멘트분배법

변형일치법이나 처짐각법은 부정정차수가 높아질수록 연립방정식의 미지수가 많아져 계산이 매우 복잡해지는데 1930년 Hardy Cross 교수가 골조에서 모멘트를 비교적 단순하게 구할 수 있는 방법으로 모멘트분배법(또는 고정모멘트법)을 제안하였다. 근사적 해법이지만 계산이 단순하고 정확도가 높은 해를 얻을 수 있어 컴퓨터 해석법이 개발되기 전에 널리 사용되었다. 모멘트분배법에서는 부재의 왼쪽·오른쪽 관계없이 시계방향모멘트(↷)를 (+)모멘트로 계산하는데, 모멘트도를 그릴 때에는 부재의 왼쪽은 시계방향(↷), 오른쪽은 반시계방향(↶)을 (+)모멘트로 그려야 한다.

아래의 과정에 따라 모멘트를 분배/전달하면 지지점에서의 모멘트 값을 구할 수 있다.

1) **지지점 구속**: 회전이 자유로운 각 지점을 가상적으로 구속(고정)한다(그림 4.8b).

- 지지점을 고정시키면 부재에 작용하는 하중에 의해 양단에 모멘트가 반력으로 발생하는데 이를 고정단 모멘트(그림 4.9)라 한다(그림 4.8c).
- 지지점에 모인 고정단 모멘트를 모두 더하여 0이 아닌 경우 이를 불균형 모멘트라 한다(그림 4.8c).

2) **균형 모멘트 산정과 분배**: 임의로 지지점을 구속하였기 때문에 불균형 모멘트가 발생하였고 이것을 없애야 원래의 상태가 되기 때문에 불균형 모멘트의 반대방향으로 모멘트를 지지점에 가하는데 이 모멘트를 균형모멘트라 하고 절점에 연결된 부재의 강비에 비례하여 부재에 분배한다(그림4.8d).

3) **전달 모멘트 산정:** 분배된 모멘트의 1/2이 맞은 편 지지점으로 전달된다. 이것을 전달 모멘트라 한다(그림 4.8e). 맞은편 지지점이 힌지이면 모멘트는 전달되지 않는다.

4) **모멘트 균형-배분 과정 반복:** (1)~(3)의 과정이 이루어지면 첫 번째 사이클이 끝난다. 균형을 이룬 지지점에 다른 지지점으로부터 전달되는 모멘트가 있기 때문에 모멘트 불균형이 될 수 있는데, 각 지지점의 불균형모멘트가 영(zero)에 가까워질 때까지 반복적으로 모멘트를 분배과정을 진행한다. 불균형 모멘트가 0이 아니더라도 하중에 비해 균형모멘트가 작다고 판단되면 더 이상 진행하지 않아도 해의 정확도에는 큰 영향이 없다.

5) **절점 모멘트 합산:** 최종적으로 각 지지점에 있는 모든 모멘트를 더하면 그 부재단의 모멘트가 된다.

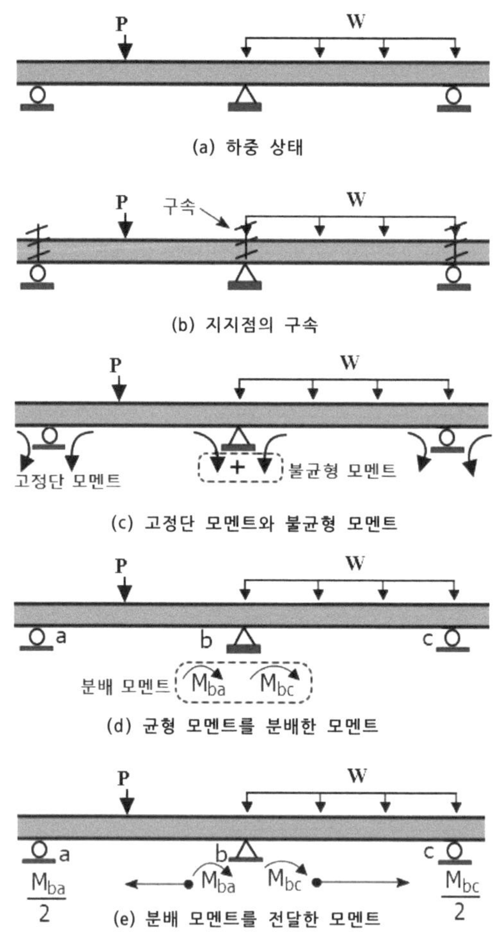

▌그림 4.8▌ 모멘트 분배법의 원리

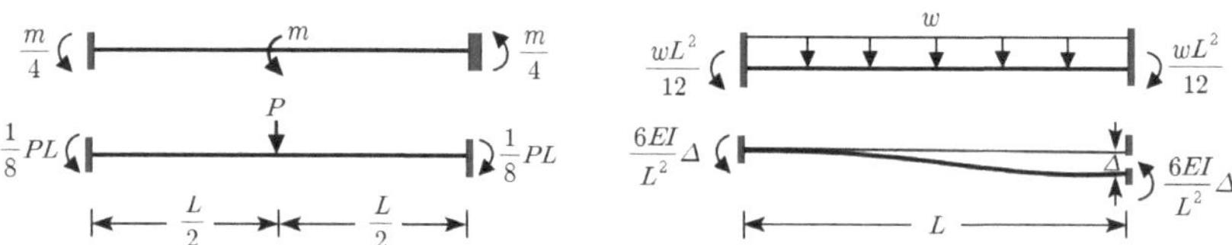

▌그림 4.9▌ 고정단 모멘트 예시

지지점에 연결된 부재들로 모멘트를 분배하기 위해서는 다음과 같은 내용을 적용해야 한다.

1. **부재의 강성계수:** 부재의 타단이 고정인 경우 모멘트 M이 작용하면 회전각과의 관계를 $M = K\theta$로 나타내고 K를 휨강성이라 한다. 아래 그림에서 왼쪽 지지점의 회전각을 구하면

$$\theta_A = \frac{ML^2}{4EI},\ \theta_B = \frac{ML^2}{3EI}$$

이 된다. 즉, 타단이 힌지일 경우 부재의 휨강성이 3/4으로 감소한다. 따라서, 타단이 힌지인 부재의 강비(I/L) 산정시 3/4을 곱하여야 한다.

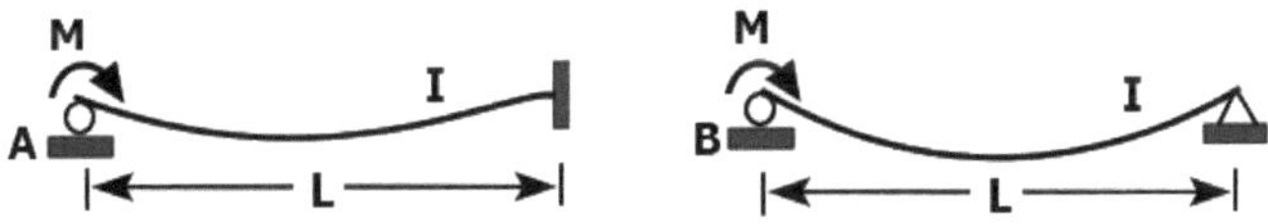

2. **분배율**(distribution factor, DF): 절점에서 각 부재로의 모멘트분배는 연결된 부재의 강성에 비례하여 분배한다. 각 절점에서 분배율의 합은 1이 되어야 한다. 분배율은

$$DF_i = \frac{k_i}{\sum k_i},\ k_i = \frac{I}{L}$$

3. **모멘트 전달계수:** 아래 그림에서 A점에 모멘트 M이 작용하면 고정단에 나타나는 반력은 M/2이 되는 것을 알 수 있다. 따라서, 모멘트 전달계수는 1/2이다.

📖 예제 4.18

아래 골조에서 C점의 모멘트를 구하시오.

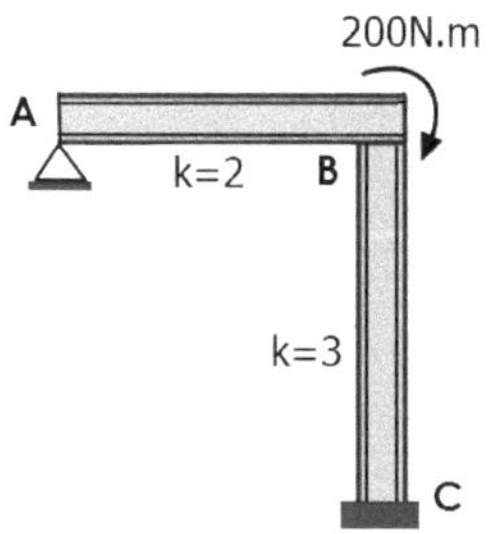

✪ 풀이

절점에 집중 모멘트가 작용하는 경우로 임의로 절점을 구속할 필요가 없고 절점에서 모멘트를 분배시키고 맞은 편 절점으로 모멘트를 전달시키는 과정으로 풀 수 있다. A점은 고정단이 아니기 때문에 강비에 3/4을 곱해야 한다. 강비에 따라 부재BC의 분배계수를 구하면 아래와 같다.

$$DF_{BC} = \frac{3}{\frac{3}{4} \times 2 + 3} = 0.667$$

부재BC에 분배되는 모멘트는 $0.667 \times 200 = 133.4\mathrm{kN.m}$이고 이 값의 1/2이 C점에 전달되므로 C점의 모멘트는 $133.4 \times (1/2) = 66.7\mathrm{kN.m}$ 이다.

📖 예제 4.19

아래 골조에서 A점의 모멘트를 구하시오

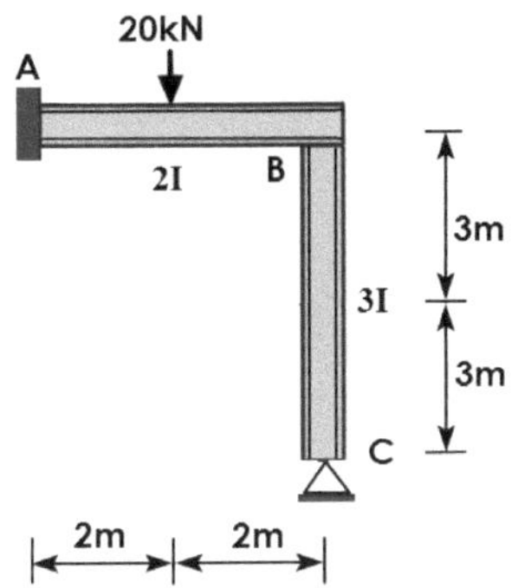

✪ 풀이

C점은 고정단이 아니기 때문에 강비에 3/4을 곱해야 한다. 강비는 부재간의 상대적인 비율이기 때문에 아래와 같이 산정하면 간편하다.

$$k_{BA} = \frac{2I}{4} = \frac{1}{2}I, \; k_{BC} = \frac{3}{4} \times \frac{3I}{6} = \frac{3}{8}I \Rightarrow k_{BA} = 4, k_{BC} = 3$$

강비에 따라 AB부재의 분배계수를 구하면 아래와 같다.

$$DF_{BA} = \frac{4}{4+3} = \frac{4}{7}$$

B점을 고정시키면 고정단 모멘트가 생긴다(주의: A점은 원래부터 고정단이다)

$$M_{AB} = -\frac{pL}{8} = -10\text{kN.m}, \; M_{BA} = 10\,\text{kN.m}$$

B점의 불균형모멘트: 10kN.m, 균형모멘트: -10kN.m.

B점에서 부재BA에 분배되는 모멘트: $-10 \times (4/7) = -5.714\text{kN.m}$

A점에 전달되는 모멘트; $-5.714 \times (1/2) = -2.857\text{kN.m}$

A점에는 원래의 고정단모멘트가 있으므로 따라서 A점의 모멘트는

$-10 + (-2.857) = -12.857\text{kN.m}$ 이다.

예제 4.20

아래 골조에서 A점의 모멘트를 구하시오

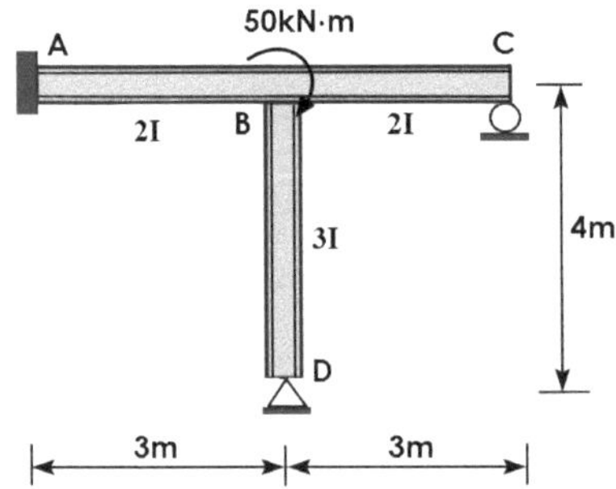

풀이

절점에 집중 모멘트가 작용하는 경우로 절점을 구속할 필요가 없고 절점에서 모멘트를 분배시키고 맞은편 절점으로 모멘트를 전달시키면 된다. C, D는 고정단이 아니기 때문에 강비에 3/4을 곱해야 한다. 강비는 아래와 같다.

$$k_{BA} = \frac{2I}{3},\ k_{BC} = \frac{3}{4} \times \frac{2I}{3} = \frac{1}{2}I,\ k_{BD} = \frac{3}{4} \times \frac{3I}{4} = \frac{9}{16}I$$

$$\Rightarrow k_{BA} = 32, k_{BC} = 24, k_{BD} = 27$$

강비에 따라 AB부재의 분배계수를 구하면 아래와 같다.

$$DF_{BA} = \frac{32}{32+24+27} = \frac{32}{83}$$

BA부재에 분배되는 모멘트: $50 \times (32/83) = 19.275\text{kN.m}$

전달모멘트: $19.275 \times (1/2) = 9.637\text{kN.m}$

$\therefore M_A = 9.637\text{kN.m}$

예제 4.21

다음 연속보의 전단력도와 모멘트도를 그리시오

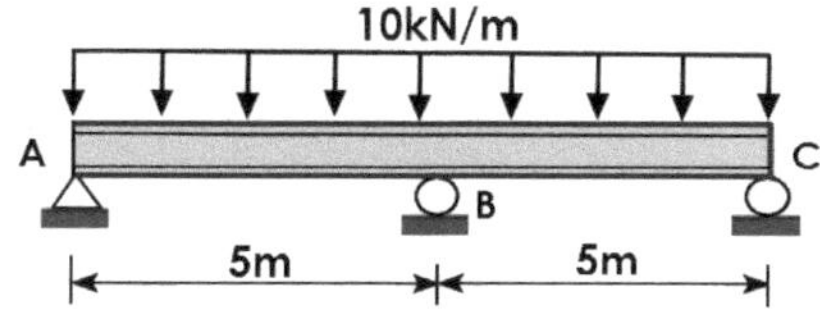

풀이

부재AB, BC의 길이가 같고 타단이 힌지로 같은 조건이므로 강비가 서로 같다. 따라서 분배계수는 0.5이다. 부재AB, BC를 고정하면 아래의 고정단 모멘트가 발생한다.

$$M_{AB} = -\frac{wL^2}{12} = -20.833\text{kN.m},\ M_{BA} = 20.833\text{kN.m}$$

$$M_{BC} = -20.833\text{kN.m},\ M_{CB} = 20.833\text{kN.m}$$

모멘트분배법의 과정을 표로 나타내면 편리한데 아래의 적용 순서대로 표에 기록하여 절점의 모멘트를 구한다.

① B점을 고정시켰으므로 고정단 모멘트가 생기고,

② $M_{BA} + M_{BC} = 0$이므로 균형모멘트=0이다.

③ A, C점을 고정시켰으므로 A, C점의 불균형모멘트 $\pm 20.83\text{kN.m}$이고 균형모멘트 $\mp 20.83\text{kN.m}$을 가해야 한다.

④ A, C점으로부터 B점으로 전달되는 모멘트 $\pm 10.416\text{kN.m}$.

⑤ 각 열의 모멘트를 더하면 $M_{BA} = 31.25\text{kN.m}$이다.

AB구간을 분리하여 자유물체도를 그리면 아래 그림과 같으며 평형조건을 이용하면 $R_A = 18.75\text{kN}$, $R_B = 31.25\text{kN}$이다. BC구간도 동일하며 전단력도와 모멘트도는 다음과 같다.

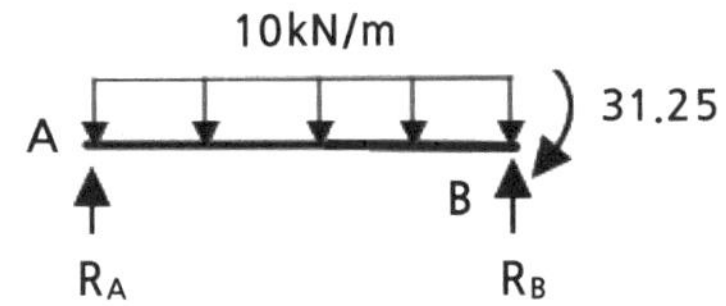

절점	A	B		C
연결부재		BA	BC	
분배율(DF)	1	0.5	0.5	1
고정단 모멘트	−20.833	20.833	−20.833	20.833
균형 모멘트	20.833	0	0	−20.833
전달 모멘트		10.416	−10.416	
균형 모멘트	0	0	0	0
합계	0	31.25	−31.25	0

──▶ 모멘트 전달 ⋯⋯▶ 열에 있는 모멘트 합산

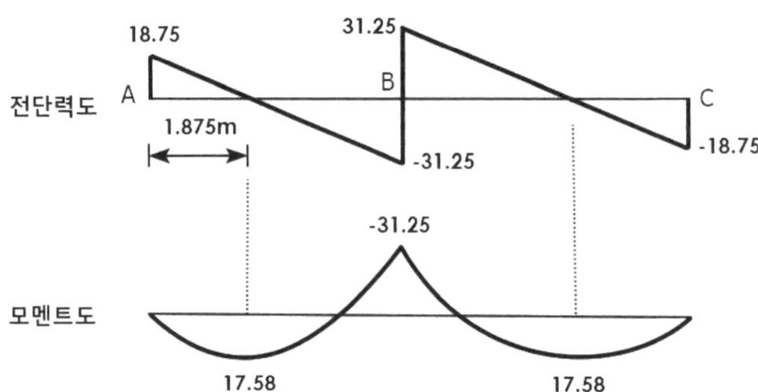

연습문제

(4.1-4.5) 다음 구조에서 부정정 차수를 구하시오.

4.1

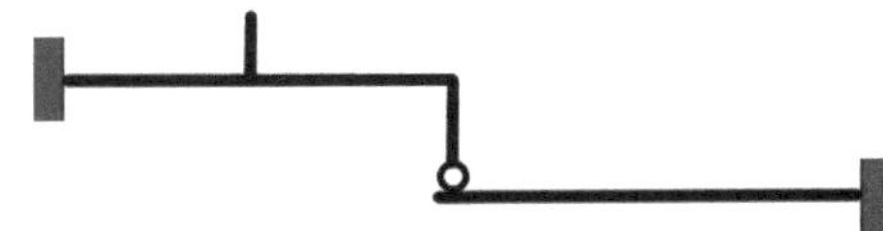

4.2

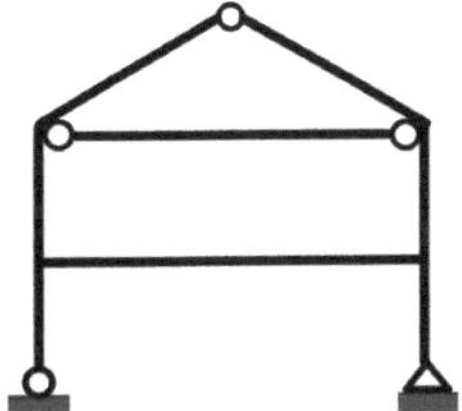

4.3

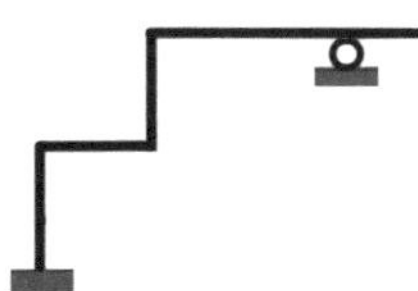

4.4

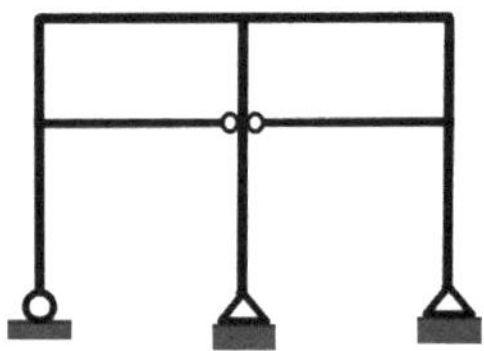

4.5

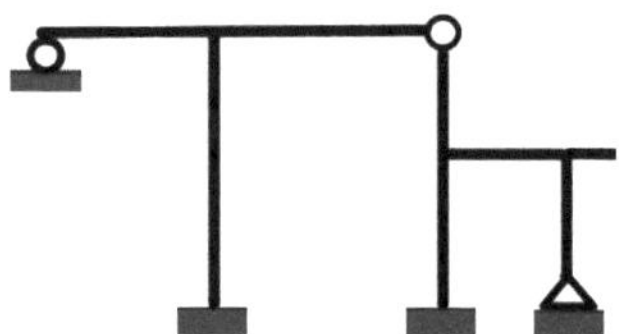

4.6(*)

다음 보의 A점의 반력을 구하시오

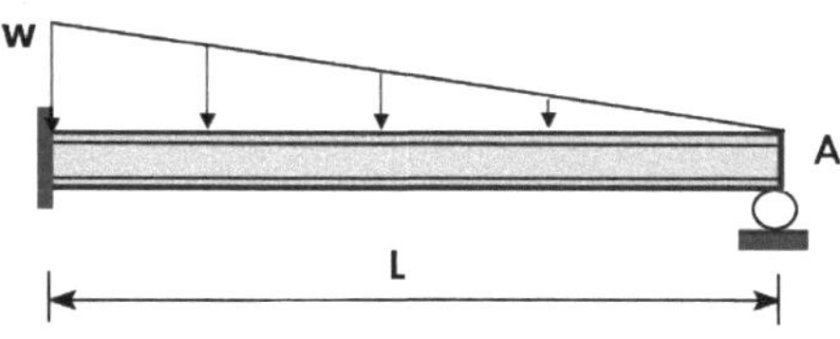

4.7

다음 보의 B점의 반력을 구하시오

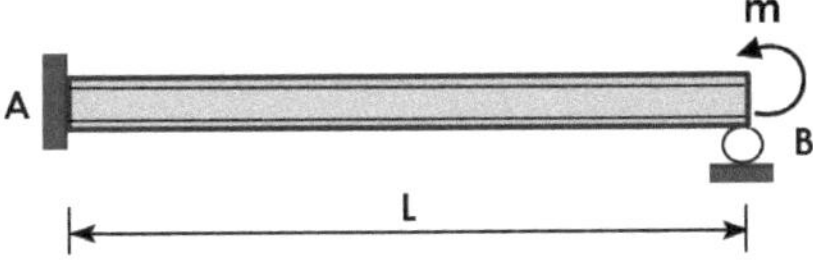

4.8(**)

B점이 10mm침하 하였을 때 B점의 모멘트를 구하시오.

단, $EI=2\times10^4 kN.m^2$

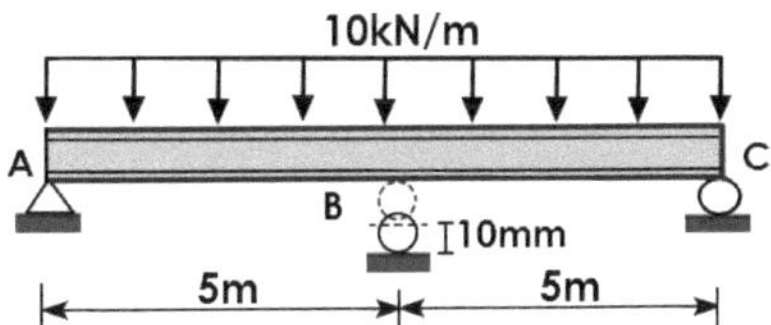

4.9(*)

A점의 모멘트를 구하시오

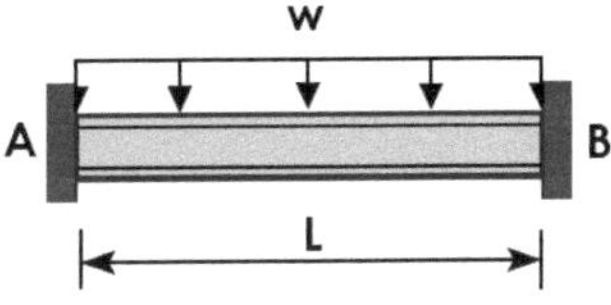

4.10(****)

다음 게르버보에서 지지점의 반력을 구하시오.

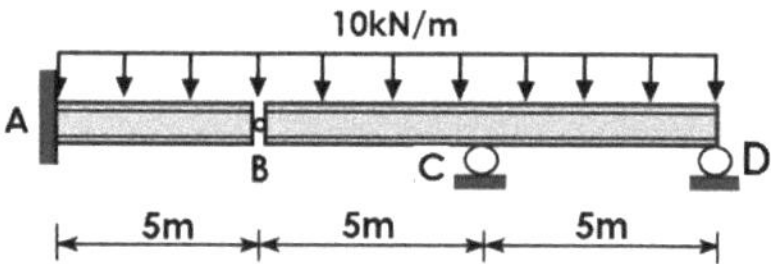

4.11(**)

아래 골조에서 D점의 모멘트를 구하시오.

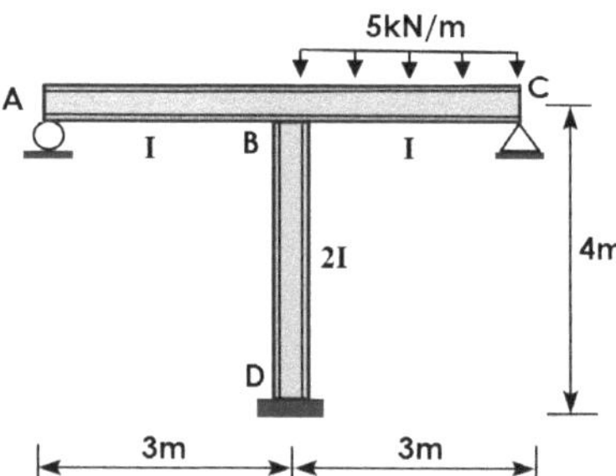

4.12(***)

모멘트 분배법을 이용하여 아래 보에서 C, D에서 모멘트를 구하시오.

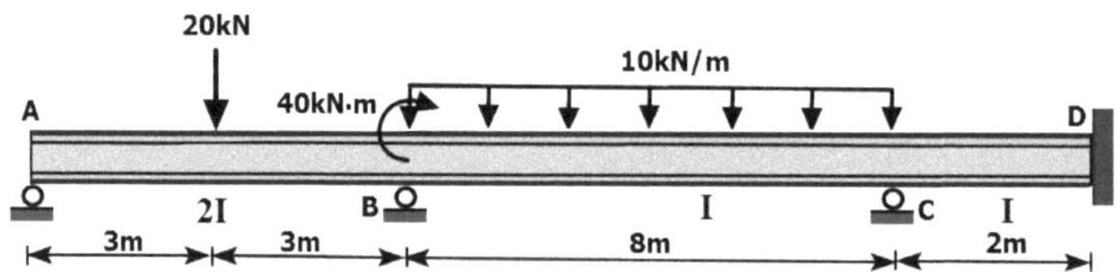

연습문제 해답

1.1(**) $P_{st} = 701\,\text{kN}$, $P_c = 299\,\text{kN}$, $\Delta L = 0.564\text{mm}$

1.2(**) $P_{st} = 14.8\,\text{kN}$, $P_c = 85.2\,\text{kN}$

1.3(***) 5,191kN

1.4 $E = 16{,}985\text{N/mm}^2$, $\nu = 0.2$

1.5(*) $500\pi\,\text{kN}$

1.6(**) $P_A = \frac{2}{19}p$, $P_B = \frac{12}{19}p$

1.7(*) 38.36kN/cm^2, $-50.67\ \text{kN/cm}^2$

1.8(*) 0.557kN/cm^2

1.9(**) 0.6kN/cm^2, -0.59kN/cm^2

2.1 $\theta_A = \frac{mL}{EI}$, $y_A = \frac{mL^2}{2EI}$

$\theta_B = \frac{2mL}{EI}$, $y_B = \frac{2mL^2}{EI}$

2.2 $\Delta_B = \frac{3mL^2}{2EI}$

2.3 $\theta_A = \frac{mL}{3EI}$

2.4(**) $\theta_A = \frac{8}{3EI}$, $y_A = \frac{32}{EI}$

$\theta_B = -\frac{112}{3EI}$, $y_B = -\frac{176}{3EI}$

2.5(*) $y_c = \frac{3PL^3}{2EI}$

2.6(**) $y_A = -\frac{440}{3EI}$, $y_c = \frac{90}{EI}$

2.7(***) $y_A = -\frac{170}{3EI}$, $y_c = 0$

2.8(**) $\frac{6}{EA}$

2.9(**) $\frac{187.5}{EI}$ (↑)

2.10(*) $\frac{7}{3}$

연습문제 해답

3.1 46kN

3.2 좌굴발생

3.3(*) $5.316 \times 10^{-6}\text{m}^4$

3.4(**) 8.3kN

3.5(*) $7.553\dfrac{a^4E}{L^2}$

4.1 1차

4.2 3차

4.3 1차

4.4 6차

4.5 5차

4.6(*) $R_A = \dfrac{1}{10}wL$

4.7 $R_B = \dfrac{3M}{2L}(\downarrow)$

4.8(**) 7.25kN.m

4.9(*) $\dfrac{wL^2}{12}$

4.10(***) $R_A = 56.25\text{kN}(\uparrow)$

$M_A = -156.25\text{kN.m}$

$R_C = 87.5\text{kN}(\uparrow)$

$R_D = 6.25\text{kN}(\uparrow)$

4.11(**) 1.406kN.m

4.12(***) $M_C = 52.99\text{kN.m}$

$M_D = -26.46\text{kN.m}$

연습문제 풀이

문제 1.1(**)

콘크리트와 강관의 단면적:

$$A_c = \frac{\pi \times 45^2}{4} = 1590.43\,\text{cm}^2 \qquad A_{st} = \frac{\pi \times (50^2 - 45^2)}{4} = 373.06\,\text{cm}^2$$

콘크리트와 철근의 변형률 $\epsilon = \dfrac{\sigma}{E} = \dfrac{P}{AE} = \dfrac{P_c}{A_c E_c} = \dfrac{P_{st}}{A_{st} E_{st}}$

위 식으로부터 구한 P_c 의 P_{st}의 관계: $P_c = \dfrac{A_c E_c}{A_{st} E_{st}} P_{st} = \dfrac{1590.43 \times 20}{373.06 \times 200} P_{st} = 0.426 P_{st}$

$$P_c + P_{st} = 0.426 P_{st} + P_{st} = 1.426 P_{st} = 1{,}000\text{kN}$$

$$\therefore P_{st} = 701kN, \quad P_c = 299kN$$

$$\Delta L = \epsilon \times L = \frac{P_c L}{A_c E_c} = \frac{299 \times 10^3 \times 6}{1590.43 \times 10^{-4} \times 20 \times 10^9} = 0.564 \times 10^{-3}\text{m}$$

문제 1.2(**)

콘크리트의 단면적: $A_c = 30 \times 50 - 4 \times 6.4 = 1474.4\,\text{cm}^2$ 콘크리트와 철근의 변형률은 동일함.

$$\epsilon = \frac{\sigma}{E} = \frac{P}{AE} = \frac{P_c}{A_c E_c} = \frac{P_{st}}{A_{st} E_{st}}$$

위 식으로부터 구한 P_c 의 P_{st}의 관계:

$$P_c = \frac{A_c E_c}{A_{st} E_{st}} P_{st} = \frac{1474.4 \times 20}{25.6 \times 200} P_{st} = 5.76 P_{st}$$

$$P_c + P_{st} = 5.76 P_{st} + P_{st} = 6.76 P_{st} = 100\text{kN} \qquad \therefore P_{st} = 14.8\text{kN}, \quad P_c = 85.2\,\text{kN}$$

문제
1.3(***)

문제1.2로부터 콘크리트와 철근에 작용하는 축력의 관계: $P_{conc} = 5.76P_{st}$

축하중: $P_1 = P_c + P_{st} = 6.76P_{st}$ 또는 $P_2 = P_c + P_{st} = 1.1736P_c$

콘크리트와 철근의 최대응력을 적용하여 최대하중을 계산하면

$P_1 = 6.76 \times (40 \times 4 \times 6.4) = 6{,}922\text{kN}$,

$P_2 = 1.1736 \times (3 \times 1474.4) = 5{,}191\text{kN}$

콘크리트가 먼저 최대응력에 도달하므로 최대하중은 $5{,}191\text{kN}$이다.

문제
1.5(*)

1) $P_1 = \sigma A = 200 \times \dfrac{\pi \times 100^2}{4} = 5\pi \times 10^5\text{N}$

2) $\Delta L = \dfrac{P_2 L}{EA} = 5\,\text{mm},\ P_2 = \dfrac{5 \times (200 \times 10^3) \times \dfrac{\pi \times 100^2}{4}}{4 \times 10^3} = 6.25\pi \times 10^5\text{N}$

따라서 최대 축하중은 $5\pi \times 10^5\text{N}$이다.

문제
1.6(**)

B점에서 줄의 늘어난 길이는 A점에서 값의 3배이다. 즉, $\Delta_B = 3\Delta_C$

$\dfrac{P_B L}{EA_B} = 3\dfrac{P_A L}{EA_A},\ A_B = 2A_A \quad \therefore P_B = 6P_A$

모멘트 평형식:

$\sum M = 6 \times p - P_B \times 9 - P_A \times 3 = 0,\ \therefore P_A = \dfrac{2}{19}p,\ P_B = \dfrac{12}{19}p$

문제 1.7(*)

도심은 단면 하부로부터 6.83cm이고 단면2차모멘트는 862.67cm^{4}이다. 최대 모멘트는 고정단에서 64kN·m이고 단면의 상부는 인장, 하부는 압축이다. 따라서 보의 최대 인장응력과 압축응력은 다음과 같다.

$$\sigma_{max}^{+} = \frac{My}{I} = \frac{64 \times 10^2 \times (12 - 6.83)}{862.67} = 38.36\text{kN/cm}^2\ (383.6\text{MPa})$$

$$\sigma_{max}^{-} = -\frac{64 \times 10^2 \times 6.83}{862.67} = -50.67\text{kN/cm}^2\ (506.7\text{MPa})$$

문제 1.8(*)

중립축에서 전단응력이 최대이다.

$$I = \frac{10 \times 12^3}{12} - \frac{6 \times 8^3}{12} = 1{,}184\text{cm}^4$$

$$S = (2 \times 10) \times 5 + (4 \times 4) \times 2 = 132\text{cm}^3$$

$$\therefore \tau = \frac{VS}{Ib} = \frac{20 \times 132}{1{,}184 \times 4} = 0.557\text{kN/cm}^2\ (5.57\text{MPa})$$

문제 1.9(**)

축하중이 도심축에 작용하지 않아 생기는 편심의 영향을 고려해야 한다. 원래의 조건은 아래 그림과 같이 축하중을 도심에 작용시키고 편심모멘트를 작용시키는 효과와 동등하다. 따라서 단면에는 아래의 3가지 응력이 작용한다.

1. 분포하중에 의한 휨응력
2. 축하중에 의한 인장응력
3. 편심모멘트에 의한 휨응력

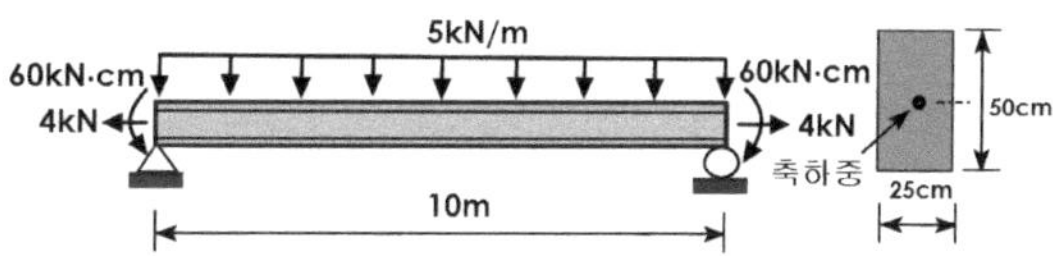

상기의 응력을 식으로 나타내면 다음과 같다.

$$\sigma = \frac{p}{A} \pm \frac{M_1 \bullet y}{I} \pm \frac{M_2 \bullet y}{I}$$

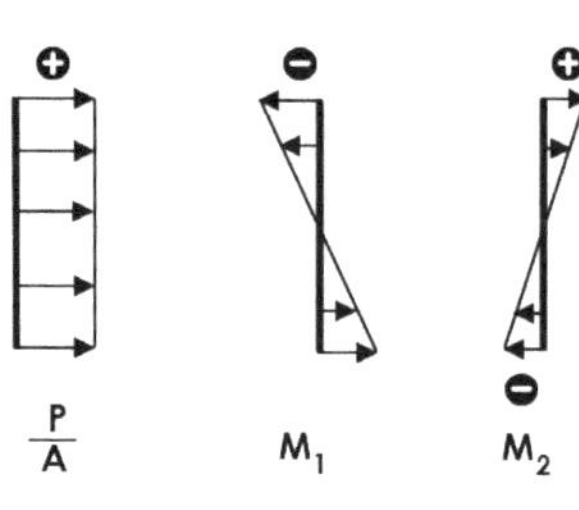

M_1은 보의 중간에서 최대이고 M_2는 60kN·cm로 보의 전 구간에서 일정하다. 단면에 작용하는 응력분포는 옆의 그림과 같고 조합응력은 단면의 최상단과 최하단에서 각각

$$\sigma = \frac{4}{25 \times 50} - \frac{6,250}{10,416.7} + \frac{60}{10,416.7} = -0.59\text{kN/cm}^2$$

$$\sigma = \frac{4}{25 \times 50} + \frac{6,250}{10,416.7} - \frac{60}{10,416.7} = 0.60\text{kN/cm}^2$$

이다. 따라서 최대압축응력은 -0.59kN/cm^2, 최대인장응력은 0.60kN/cm^2 이다.

문제
2.4(**)

공액보는 그림과 같은 게르버보가 된다.

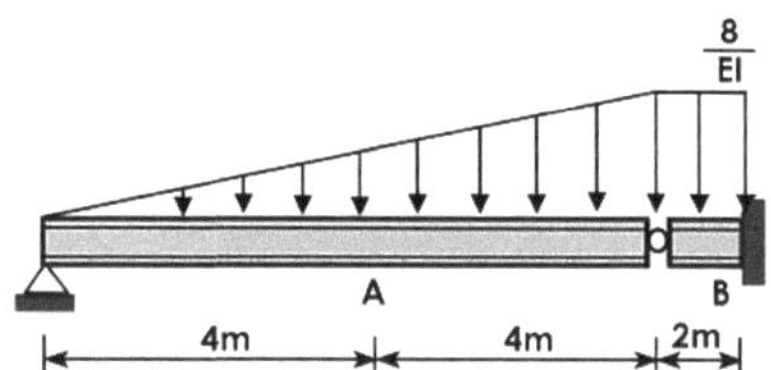

내부힌지에서 보를 분리하여 반력을 구하면 그림과 같다.

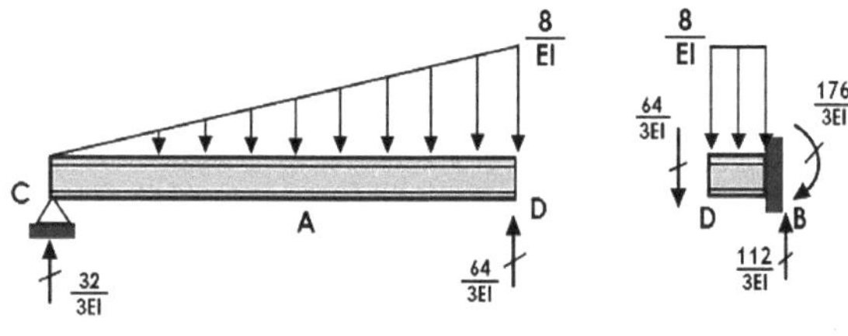

공액보의 A점과 B점에서 전단력과 모멘트를 구하면 되므로 회전각과 처짐은 다음과 같다.

$$\theta_A = -\frac{4}{EI}\times 4\times\frac{1}{2}+\frac{32}{3EI}=\frac{8}{3EI}$$

$$y_A = \frac{32}{3EI}\times 4-\frac{8}{EI}\times 4\times\frac{1}{3}=\frac{32}{EI}$$

$$\theta_B = -\frac{112}{3EI}$$

$$y_B = -\frac{176}{3EI}$$

문제

2.5

모멘트면적법: AB구간의 단면2차모멘트가 2I이기 때문에 모멘트도/EI가 아래 그림과 같다. 모멘트면적법의 정리2를 적용하여 3개로 나눈 면적에 대하여 C점으로부터 중심까지의 거리를 곱하면 처짐은 다음과 같다.

$$y_C = \frac{PL^2}{2EI}\times\frac{2}{3}L+\frac{PL^2}{2EI}\times\frac{3}{2}L+\frac{PL^2}{4EI}\times\frac{5}{3}L=\frac{3PL^3}{2EI}$$

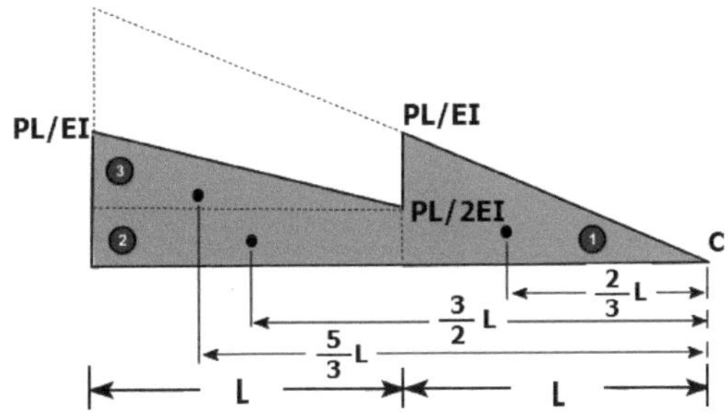

공액보법: 공액보의 고정단을 C점으로 하고 반력을 구하면 처짐이므로 모멘트면적법과 계산내용이 동일하다.

가상일법(단위하중법): C점에서 x축을 시작하면 모멘트식이 간단하고 단위하중은 C점에 1을 작용시키므로 처짐을 구하는 식은 다음과 같다.

$$y_C = \frac{1}{EI}\int_0^L(-x)(-px)dx+\frac{1}{E(2I)}\int_L^{2L}(-x)(-px)dx=\frac{pL^3}{3EI}+\frac{7pL^3}{6EI}=\frac{3PL^3}{2EI}$$

문제

2.6(**)

공액보는 그림과 같이 게르버보가 된다.

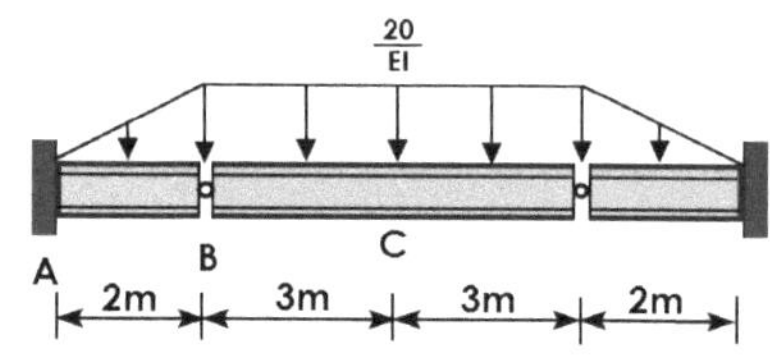

내부힌지에서 보를 분리하여 반력을 구하면 다음 그림과 같다.

A점과 C점의 모멘트:

$$M_A = -\frac{440}{3EI}, \quad M_C = \frac{60}{EI} \times 3 \times \frac{1}{2}$$

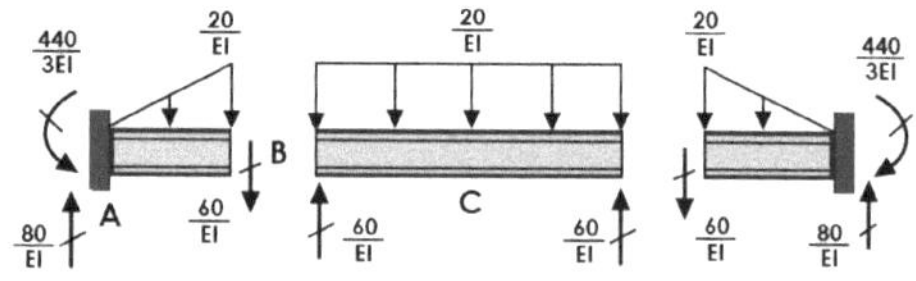

A점과 C점의 처짐은 다음과 같다.

$$y_A = -\frac{440}{3EI}, \; y_c = \frac{90}{EI}$$

문제

2.7(***)

모멘트 부호가 다른 구간이 있어 공액보는 아래 그림과 같다.

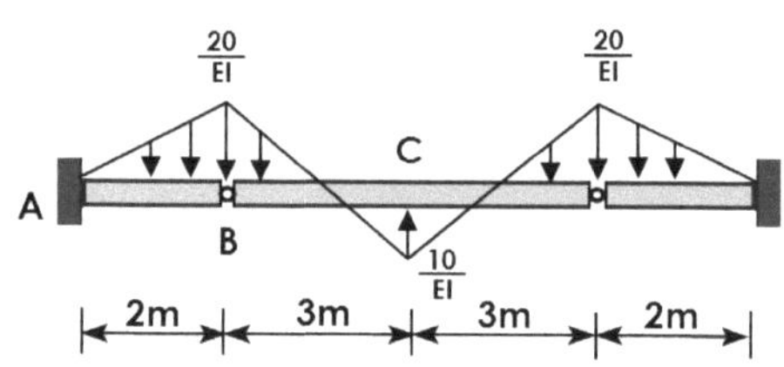

내부힌지에서 보를 분리하여 반력을 구하면 다음 그림과 같다.

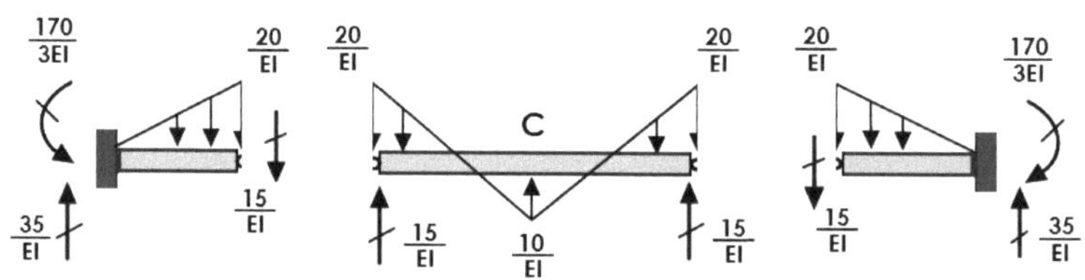

A점과 C점의 모멘트는

$$M_A = -\frac{170}{3EI}$$
$$M_C = -\frac{20}{EI} \times (1 + \frac{2}{3} \times 2) + 5 \times 1 \times \frac{1}{3} + 15 \times 3 = 0$$

이다. 따라서 A점과 C점의 처짐은 다음과 같다

$$y_A = -\frac{170}{3EI},\ y_c = 0$$

문제 2.8(**)

부재	L(m)	N(kN)	f(kN)	$f \times NL$
AB	5	3.333	0	0
AD	5	-3.333	0	0
AC	4	0	0	0
BC	3	2	1	6
CD	3	2	0	0

$\therefore \sum f \times NL/EA = 6/EA$

문제 2.9(**)

C점에 단위하중을 B점에 가하면 모멘트도는 아래 그림과 같고 AB구간에서 M/EI가 0이므로 적분을 하지 않아도 된다. 즉 BD구간만 적분하면 된다. 아래 그림에서 함수 시작점을 D점, B점으로 하면 m의 모멘트식이 간단해진다.

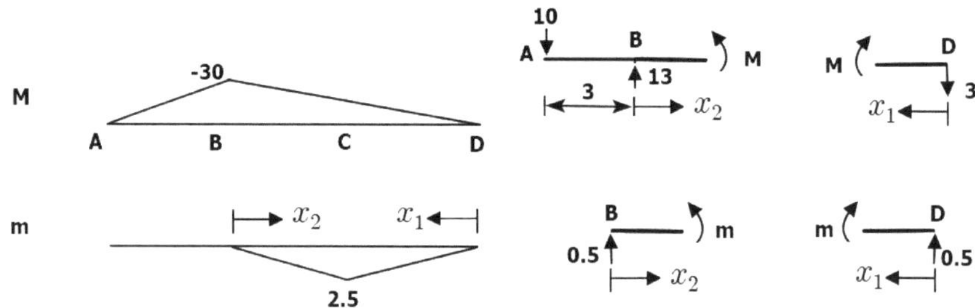

$$\Delta_c = \int_0^5 m\times\frac{M}{EI}dx_1 + \int_0^5 m\times\frac{M}{EI}dx_2$$

$$= \frac{1}{EI}\int_0^5 0.5x_1\times(-3x_1)dx_1 + \int_0^5 0.5x_2\times(3x_2-30)dx_2$$

$$=-\frac{187.5}{EI}$$

즉, C점의 처짐은 단위하중과 반대방향인 윗 방향으로 발생한다.

문제 **2.10**

실제하중과 단위하중에 의한 모멘트도는 아래 그림과 같다.

$$\Delta_B = \int_B^A m \times \frac{M}{EI} dx =$$
$$= \frac{1}{EI}\int_0^L (-x)\times(-\frac{wx^2}{2})dx$$
$$= \frac{wL^4}{8EI}$$

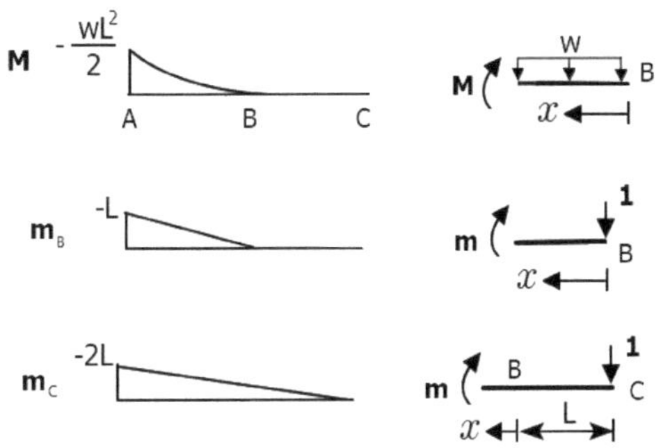

$$\Delta_C = \int_B^A m \times \frac{M}{EI} dx =$$
$$= \frac{1}{EI}\int_0^L (-x-L)\times(-\frac{wx^2}{2})dx$$
$$= \frac{7wL^4}{24EI}$$

$$\therefore \frac{\Delta_C}{\Delta_B} = \frac{7}{3}$$

문제 **3.1**

압괴에 의한 최대 축하중:

$$P_{\max} = (40\times 40 - 30\times 30)\times 10^{-6}\times 70\times 10^6 = 49\text{kN}$$

$$I = \frac{40\times 40^3}{12} - \frac{30\times 30^3}{12} = 14.58\times 10^4\,\text{mm}^4$$

탄성좌굴하중:

$$P_{cr} = \frac{\pi^2\times(200\times 10^9)\times(14.58\times 10^{-8})}{(0.5\times 5)^2} = 46\text{kN}$$

따라서 최대대하중은 46kN이다.

문제 3.2(*)

부재AD(길이 $4\sqrt{2}\,m$)에 작용하는 압축력은 $3\sqrt{2}\,kN$이고, 탄성좌굴하중은

$$P_{cr} = \frac{\pi^2 EI}{L^2} = \frac{\pi^2 \times (200 \times 10^9) \times (6.75 \times 10^{-8})}{(4\sqrt{2})^2} = 4.16\text{kN} < \text{P} = 3\sqrt{2}\,\text{kN}$$

문제

부재AD의 부재력 $117.9\,\text{kN}$과 탄성좌굴하중이 같아지는 단면2차모멘트를 구한다.

$$P_{cr} = \frac{\pi^2 EI}{L^2} = \frac{\pi^2 \times (200 \times 10^9) \times I}{(9.434)^2} = 2.218 \times 10^{10} I(N)$$

$2.218I \times 10^7 = 117.9,$ $\qquad \therefore I = 5.316 \times 10^{-6}\text{m}^4$

문제 3.4(**)

부재력: $F_{AC} = \sqrt{2}\,W,\ F_{BC} = -W$

응력: $f_{AC} = \dfrac{\sqrt{2}\,W}{900} = 1.571 \times 10^{-3}\,W,\ f_{BC} = -\dfrac{W}{900} = -1.111 \times 10^{-3}\,W$

최대응력으로 계산한 W

$f_{AC} = 1.571 \times 10^{-3}\,W = 30\,(\text{N/mm}^2),\ \therefore W = 19.1\text{kN}$

$f_{BC} = 1.111 \times 10^{-3}\,W = 30\,(\text{N/mm}^2),\ \therefore W = 27.0\text{kN}$

부재BC의 좌굴하중

$$P_{BC} = \frac{\pi^2 \times (200 \times 10^9) \times (6.75 \times 10^{-8})}{4^2} = 8.3\text{kN} = W$$

압축재의 좌굴하중이 가장 작으므로 W의 최대값은 8.3kN

문제 **3.5(*)**

$$P_{cr}^{x}=\frac{\pi^2 EI_x}{L_x^2}=\frac{\pi^2\times E\times\frac{a(2a)^3}{12}}{(0.5L)^2}=26.319\frac{a^4E}{L^2}$$

$$P_{cr}^{y}=\frac{\pi^2 EI_y}{L_y^2}=\frac{\pi^2\times E\times\frac{(2a)a^3}{12}}{(0.7\times\frac{2L}{3})^2}=7.553\frac{a^4E}{L^2}$$

문제 **4.6(*)**

A점의 반력을 여분의 힘으로 한다. 삼각형 분포하중의 처짐은 단위하중법을 이용한다. 분포하중에 의한 모멘트는 $M=-(\frac{x}{L}w)(x)\frac{1}{2}\times\frac{x}{3}=-\frac{w}{6L}x^3$, A점에 단위하중을 가하면 모멘트는 $m=-x$ 이므로 처짐은 아래와 같다.

$$\Delta_c=\frac{1}{EI}\int_0^L(-x)(-\frac{w}{6L}x^3)=-\frac{wL^4}{30EI}$$

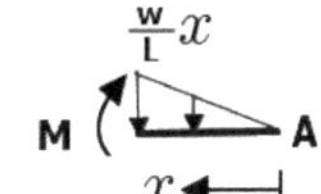

집중하중 R_A에 의한 처짐은 $\Delta_R=\frac{R_AL^3}{3EI}$ 이고, $\Delta_C+\Delta_R=0$ 조건에 의해 $\therefore R_A=\frac{wL}{10}$

문제 4.8(**)

B점의 처짐= $\frac{5wL^4}{384EI}$ - $\frac{R_BL^3}{48EI}$ = 10mm, $w=10\text{kN/m}, L=10\text{m}, EI=2\times10^4\text{kN.m}^2$

$\therefore R_B = 52.9\text{kN},\ R_A = 23.55\text{kN}$

전단력도가 우측 그림과 같으므로

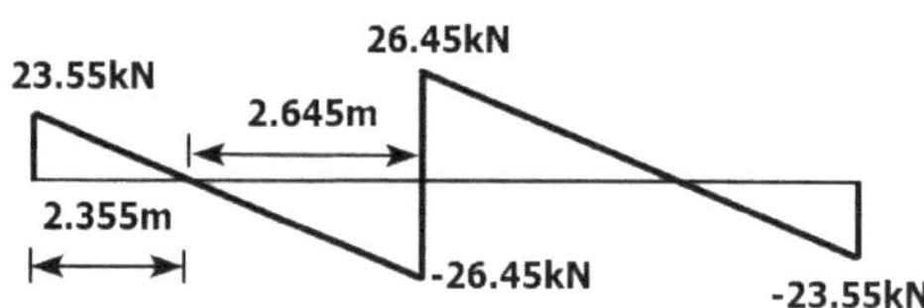

$\therefore M_B = (26.45\times2.645 - 23.55\times2.355)\times0.5 = 7.25\text{kN.m}$

문제 4.9(*)

대칭구조이므로 고정단의 모멘트가 같다. 양단의 모멘트(m)를 여력으로 하여 등분포하중에 의한 회전각과 m에 의한 회전각의 합이 0이므로 다음과 같이 반력모멘트 m을 구할 수 있다.

$\frac{wL^3}{24EI} = \frac{\text{m}L}{2EI}$, $\therefore \text{m} = \frac{wL^2}{12}$

문제 4.10(****)

게르버보이므로 아래 그림과 같이 내부힌지를 분리하여 처짐을 구한다.

AB, BD구간으로 나누어 B점의 처짐을 구한다.

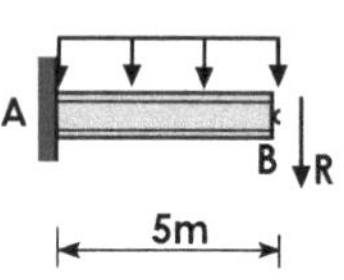

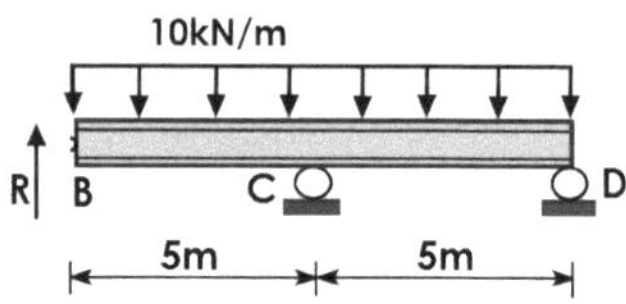

1) AB구간

$y_B^1 = \frac{RL^3}{3EI} + \frac{wL^4}{8EI} = \frac{5^3}{EI}\left(\frac{R}{3} + \frac{50}{8}\right)$

2) BD구간 : B점의 처짐은 아래 그림과 같이 2개의 경우로 나누어 구한다.

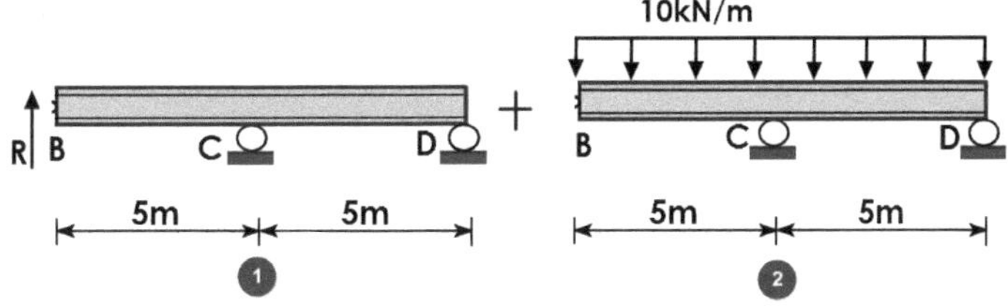

공액보법을 이용하여 B점의 처짐을 구하는데 공액보는 다음과 같다.

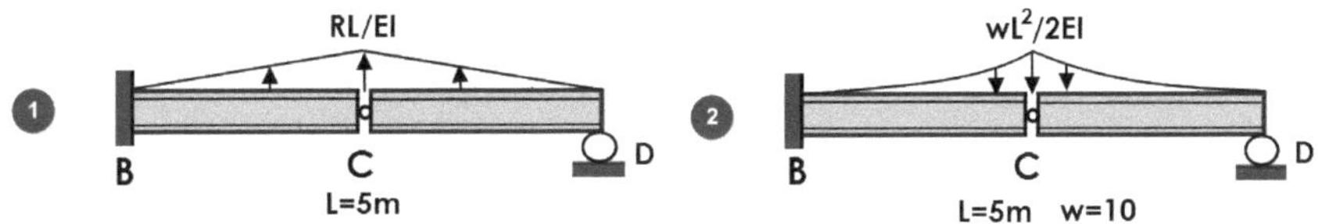

그림❶, ❷에서 B점의 모멘트를 구하면 처짐이 되므로

$$y_{B1}^2 = \frac{RL^2}{3EI} \times L + \frac{RL^2}{2EI} \times \frac{2}{3}L = \frac{2RL^3}{3EI}, \quad y_{B2}^2 = \frac{wL^3}{8EI} \times L + \frac{wL^3}{6EI} \times \frac{3}{4}L = \frac{wL^4}{4EI}$$

따라서 B점의 처짐은 $y_B^2 = y_{B2}^2 - y_{B1}^2 = \frac{wL^4}{4EI} - \frac{2RL^3}{3EI} = \frac{5^3}{EI}(\frac{50}{4} - \frac{2R}{3})$

1), 2)구간의 B점에서 처짐은 $y_B^1 = y_B^2$,

즉 $\frac{50}{4} - \frac{2R}{3} = \frac{R}{3} + \frac{50}{8}$ $\qquad \therefore R = 6.25\text{kN}\,(\uparrow)$

BD구간에서 수직 방향 힘의 평형조건:

$\therefore R_C = 87.5\text{kN}\,(\uparrow),\ R_D = 6.25\text{kN}\,(\uparrow)$

AB구간에서 수직 방향 힘의 평형조건:

$\therefore R_A = 56.25\text{kN}\,(\uparrow),\ M_A = -156.25\text{kN.m}$

문제

4.11(**)

강비: $k_{BA}=\frac{3}{4}\frac{I}{3}I,\ k_{BC}=\frac{3}{4}\frac{I}{3},\ k_{BD}=\frac{1}{2}I \quad \Rightarrow k_{BA}=1, k_{BC}=1, k_{BD}=2$

분배율: $DF_{BA}=DF_{BC}=\frac{1}{1+1+2}=\frac{1}{4},\quad DF_{BD}=\frac{2}{1+1+2}=\frac{1}{2}$

고정단모멘트: $M_{BC}=-\frac{wL^2}{12}=-3.75\text{kN.m},\ M_{CB}=3.75\text{kN.m}$

절점	A	B			C	D
연결부재		BA	BD	BC		
분배율(DF)	1	0.25	0.5	0.25	1	1
고정단 모멘트				-3.75	3.75	
균형 모멘트		0.9375	1.875	0.9375	-3.75	
전달 모멘트				-1.875		0.9375
균형 모멘트		0.469	0.937	0.469		
전달 모멘트						0.469
합계	0	1.406	2.812	-4.219	0	1.406

D점의 모멘트=1.406kN.m

문제

4.12 (***)

강비: $k_{BA}=\frac{3}{4}\frac{2I}{6}=\frac{1}{4}I,\ k_{BC}=\frac{1}{8}I, k_{CD}=\frac{1}{2}I \ \Rightarrow k_{BA}=2, k_{BC}=1, k_{CD}=4$

분배율: $DF_{BA}=\frac{2}{2+1}=\frac{2}{3},\ DF_{BC}=\frac{1}{3},\ DF_{CB}=\frac{1}{1+4}=\frac{1}{5}, DF_{CD}=\frac{4}{5}$

고정단모멘트: $M_{AB}=-\frac{pL}{8}=-15\text{kN.m}, M_{BA}=15\text{kN.m}$

$$M_{BC}=-\frac{wL^2}{12}=-53.33\text{kN.m}, M_{CB}=53.33\text{kN.m}$$

절점에 작용하는 집중모멘트는 강비에 따라 먼저 분배한다.

절점	A	B		C		D
연결부재		BA	BC	CB	CD	
분배율(DF)	1	0.666	0.333	0.2	0.8	1
집중 모멘트		26.67	13.33			
전달 모멘트				6.67		
고정단 모멘트	-15	15	-53.33	53.33		
균형 모멘트	15	25.56	12.78	-12	-48	
전달 모멘트		7.5	-6	6.39		-24
균형 모멘트		-1.0	-0.5	-1.28	-5.11	
전달 모멘트			-0.64	-0.25		-2.56
균형 모멘트		0.43	0.21	0.05	0.2	
전달 모멘트			0.025	0.105		0.1
균형 모멘트		-0.017	-0.008	-0.02	-0.08	
주) 균형 모멘트가 0은 아니지만 하중에 비해 작아서 더 이상 진행하지 않음.						
합계	0	74.14	-34.13	52.99	-52.99	-26.46

실전연습문제

1. 동일재료이나 단면적과 길이가 다르게 구성된 막대가 그림과 같이 힘을 받고 있다. 막대의 늘어난 길이로 맞는 것은 어느 것인가? 단 재료는 탄성적으로 거동하고 E는 탄성계수이다.

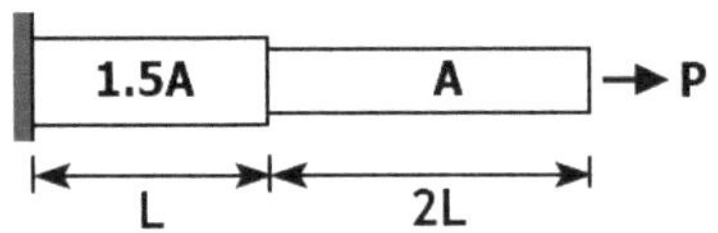

① 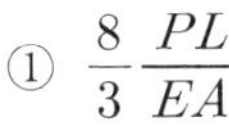 $\frac{8}{3}\frac{PL}{EA}$

② $\frac{7}{6}\frac{PE}{LA}$

③ $2\frac{PA}{EL}$

④ $\frac{7}{6}\frac{PL}{EA}$

⑤ $\frac{8}{3}\frac{PE}{LA}$

2. 한 변이 20cm인 정사각형 단면으로 된 막대에 200kN의 인장력이 작용하면 인장응력은 얼마인가?

① 5KPa
② 5GPa
③ 0.5MPa
④ 50MPa
⑤ 5MPa

3. 길이 10m의 막대에 인장응력 100MPa이 작용하고 있는데 2cm가 늘어났다. 재료의 탄성계수는 얼마인가?

① 50GPa
② 0.5GPa
③ 2GPa
④ 0.2GPa
⑤ 500GPa

4. 콘크리트 공시체(원주형 $\phi 15 \times 30\,(\text{cm})$)가 314kN에서 파괴되었다. 콘크리트의 강도는 얼마인가?

① 1.78N/mm^2
② 17.8N/mm^2
③ 178N/mm^2
④ 1.78kN/mm^2
⑤ 17.8kN/mm^2

5. 아래의 단면에 전단력 100kN이 작용하고 있다. 단면의 A위치에서 전단응력은 얼마인가?

① 0.12MPa
② 0.14Mpa
③ 0.24MPa
④ 0.3MPa
⑤ 0.18MPa

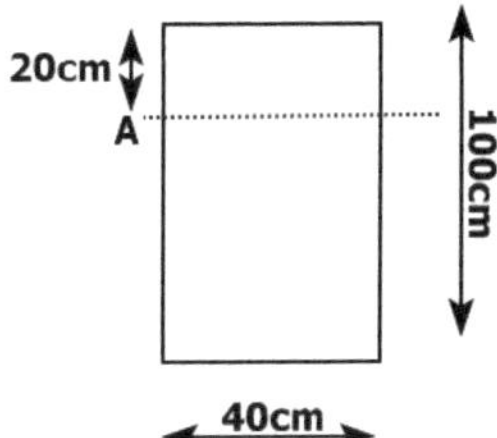

6. 다음 단순보의 중간(O)에서 단면상 A점의 휨응력과 B점의 전단응력은 얼마인가? (단위는 MN/m^2)

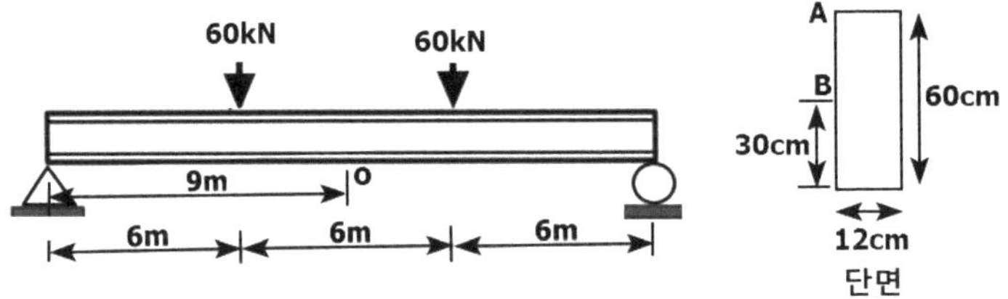

① a:50 b:0
② a:40 b:1.25
③ a:30 b:1.25
④ a:20 b:0
⑤ a:10 b:1.25

7. 아래의 내민보에서 허용하는 휨응력의 최대값이 1MPa일 때 하중P의 최대값은 얼마인가?

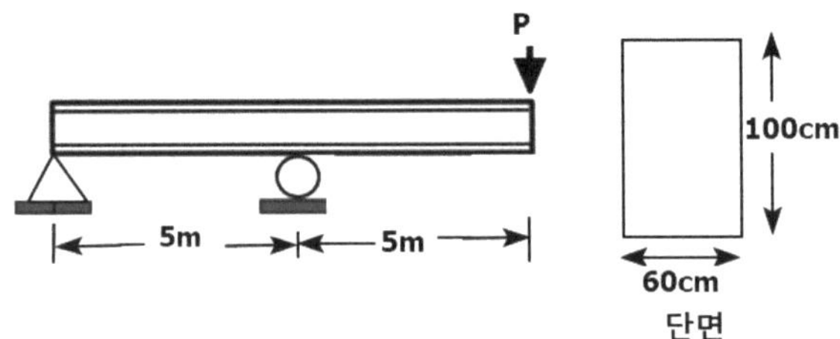

① 5kN
② 10kN
③ 15kN
④ 20kN
⑤ 25kN

8. 균일한 단면으로 된 캔틸레버보에 분포하중이 그림과 같이 작용 할 때 필요한 최소 단면계수는 얼마인가? 단 보에 허용되는 최대 휨응력은 100MPa이다.

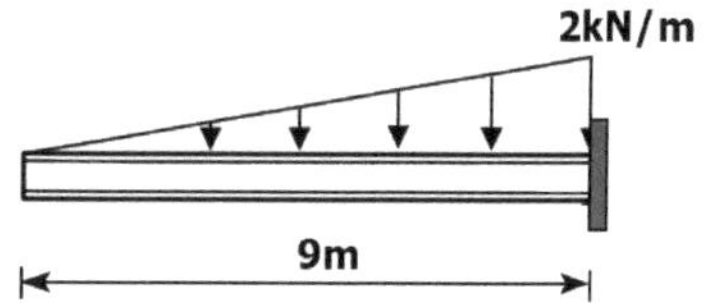

① $90cm^3$
② $540cm^3$
③ $180cm^3$
④ $240cm^3$
⑤ $270cm^3$

9. 양단이 고정된 콘크리트 보에서 온도가 균일하게 증가하여 보에 15MPa의 응력이 작용하고 있다. 증가한 온도는 몇 도인가? 단 탄성계수는 25GPa, 선팽창계수는 10^{-5}/℃ 이다.

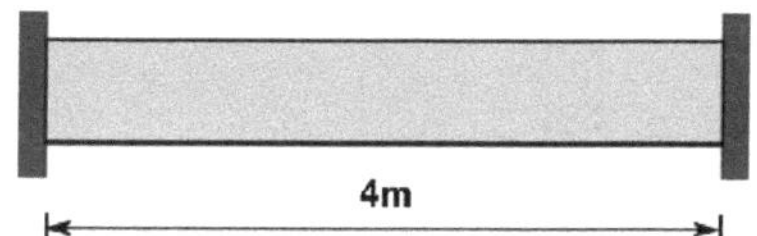

① 50
② 60
③ 40
④ 20
⑤ 80

10. 아래 그림과 같이 강체보가 와이어A, B에 의해 지지되어 있다. 와이어에 작용하는 힘을 구하시오. 단 와이어A와 B는 같은 재료로 길이와 단면적이 동일하다.

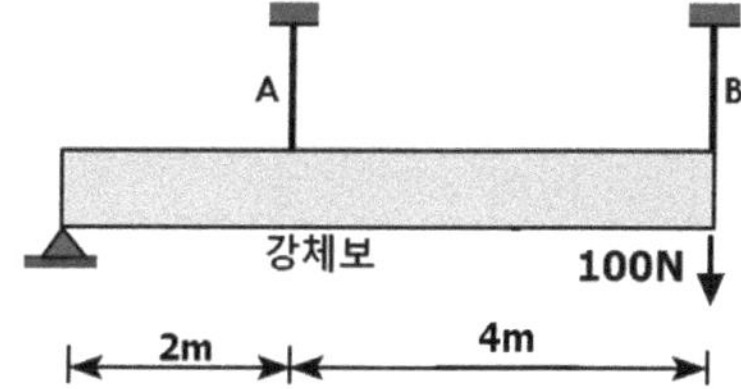

① A-50N, B-70N
② A-30N, B-90N
③ A-90N, B-30N
④ A-70N, B-30N
⑤ A-0N, B-100N

11. 단면적의 크기가 같은 3가지 단면으로 된 기둥에서 도심축(X축)에 대한 탄성좌굴하중의 크기순으로 맞는 것은?

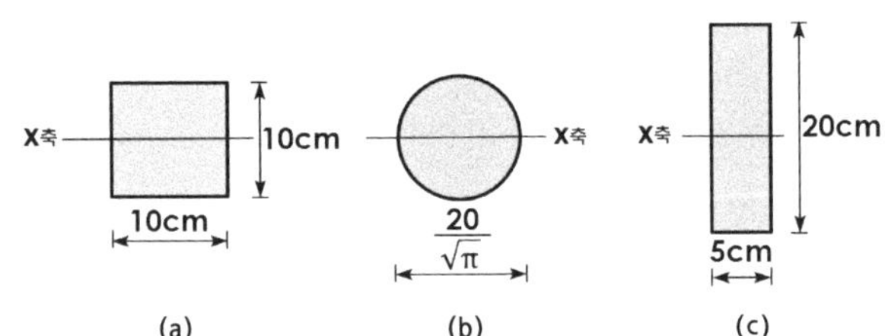

① a>b>c
② b>a>c
③ c>b>a
④ c>a>b
⑤ a>c>b

12. 다음 구조물의 부정정 차수는 얼마인가?

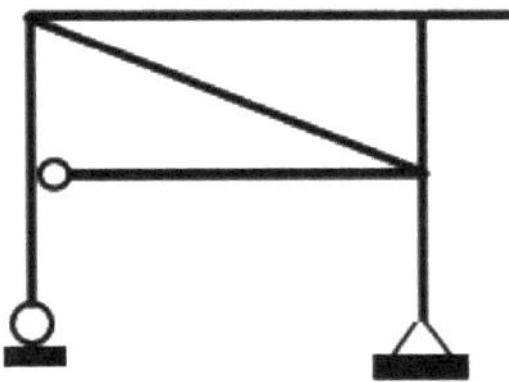

① 6차
② 7차
③ 3차
④ 4차
⑤ 5차

13. 기둥의 단면이 아래와 같을 때 기둥의 강축에 대한 탄성좌굴하중은 약축에 대한 탄성좌굴하중의 몇 배인가?

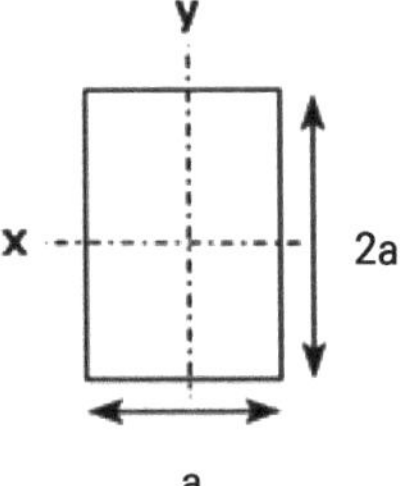

① 8배
② 2배
③ 4배
④ 12배
⑤ 16배

14. 아래의 캔틸레버보에서 A점의 회전각은 아래와 같은데 괄호에 들어갈 값은?

① 1.0
② 1.5
③ 2.5
④ 3.0
⑤ 3.5

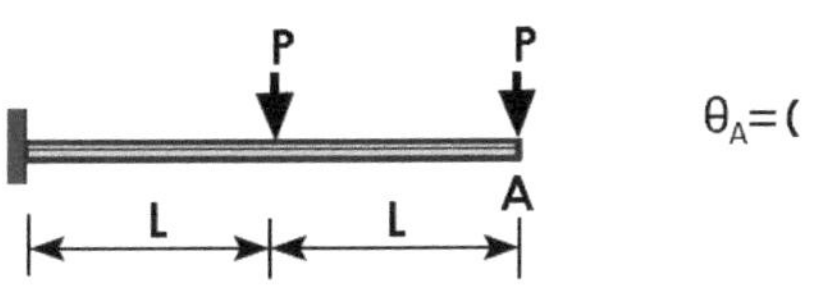

15. 기둥1의 탄성좌굴하중은 기둥2의 몇 배인가?

① 10배
② 2배
③ 4배
④ 5배
⑤ 20배

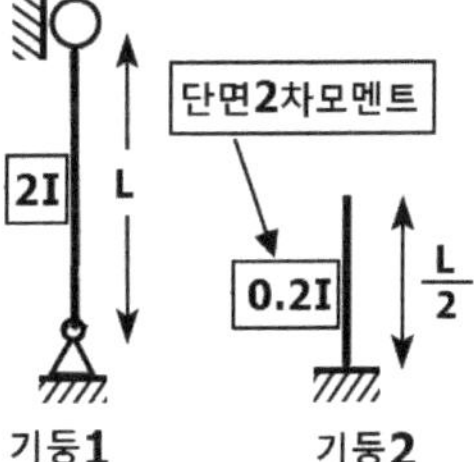

16. 아래의 캔틸레버보에서 a점의 회전각이 0이 되기 위해서는 m=( )pL이 되어야 한다. 괄호에 들어가는 값은?

① 1.0
② 1.5
③ 1.25
④ 0.5
⑤ 1.75

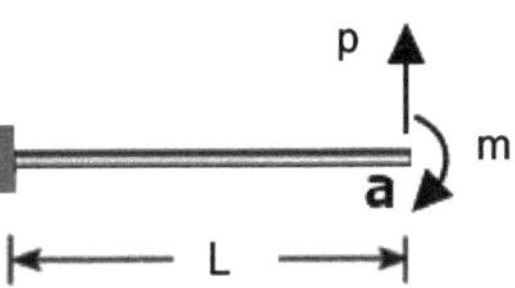

17. 다음 2개의 캔틸레버보에서 a점의 처짐이 같기 위해서는 P1/P2가 얼마가 되어야 하는가?

① 1
② 2
③ 4
④ 8
⑤ 16

18. 아래의 캔틸레버보에서 a점의 처짐은 (　)P/EI이다. 괄호에 들어갈 값은 ?

① 70
② 60
③ 30
④ 90
⑤ 100

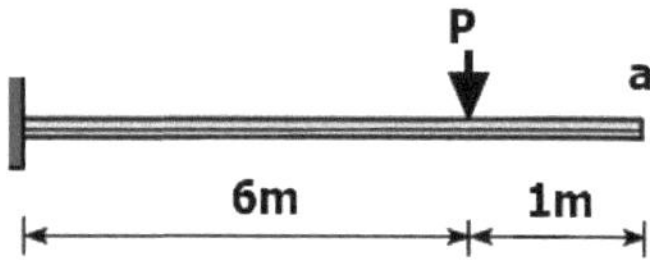

19. 아래 보에서 A점의 반력으로 맞는 것은?

① 1.8kN
② 2.0kN
③ 1.2kN
④ 0.5kN
⑤ 1.5kN

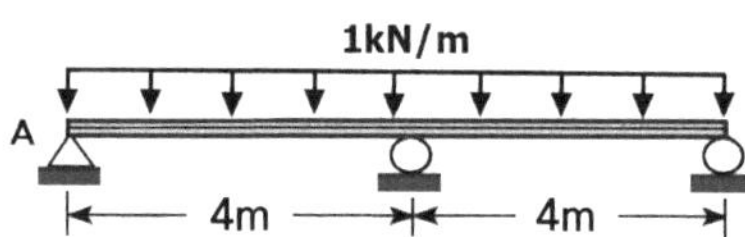

20. 아래의 캔틸레버보에서 A점의 회전각과 처짐은 아래와 같은데 괄호(ㄱ), (ㄴ)에 들어갈 값은?

① ㄱ-2, ㄴ-4
② ㄱ-4, ㄴ-2
③ ㄱ-6, ㄴ-8
④ ㄱ-8, ㄴ-12
⑤ ㄱ-1, ㄴ-6

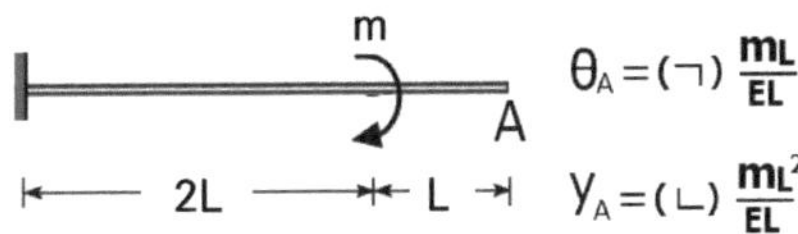

21. 아래 보에서 A점의 반력은 얼마인가?

① 1kN
② 2kN
③ 3kN
④ 4kN
⑤ 5kN

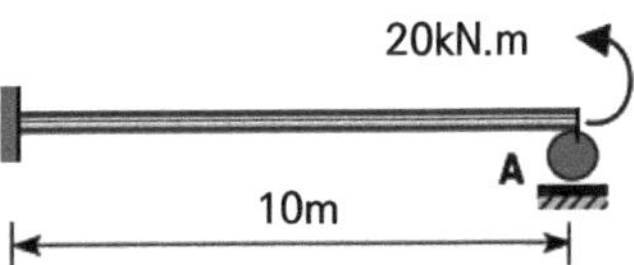

22. 부재의 단면2차모멘트가 모두 동일한 아래 구조체에서 A점의 모멘트는 얼마인가?

① 7.5kN.m
② 25.5kN.m
③ 50kN.m
④ 25kN.m
⑤ 12.5kN.m

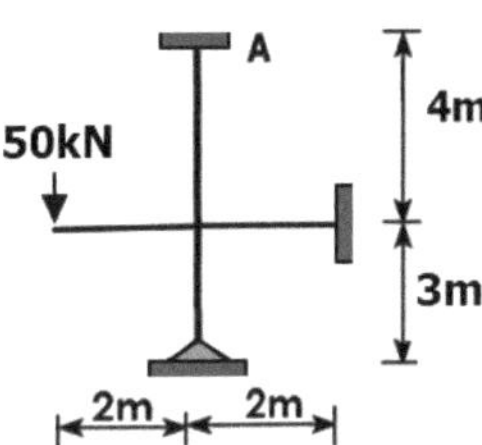

23. 아래의 단순보에서 a점의 처짐이 0이 되기 위해서는 m=(　)pL이 되어야 한다. 괄호에 들어갈 값은 ?

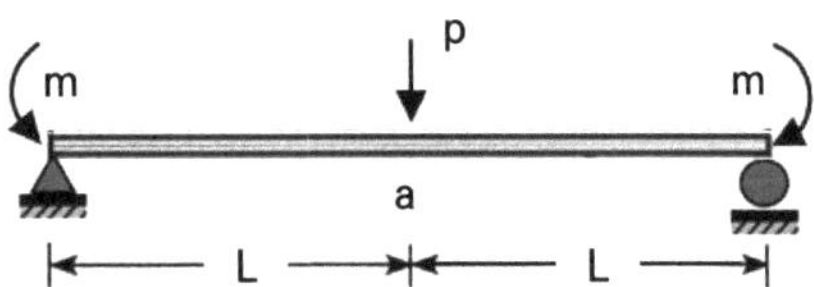

① 1/4
② 1/3
③ 1/12
④ 1/48
⑤ 1/2

24. 아래 2개의 보에서 최대 처짐값이 같을 때 캔틸레버보 단면의 h는 얼마인가?

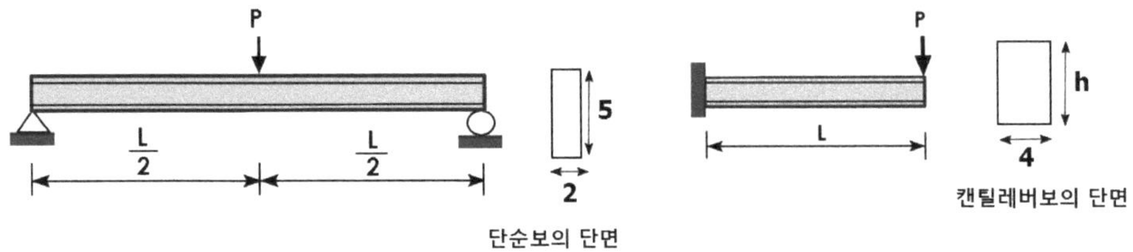

① 6
② 8
③ 10
④ 12
⑤ 14

25. 동일 단면의 단순보에 분포하중(3kN/m)과 집중하중(p)이 작용하고 있다. 최대처짐이 같기 위해서는 집중하중(p)의 크기는 얼마인가?

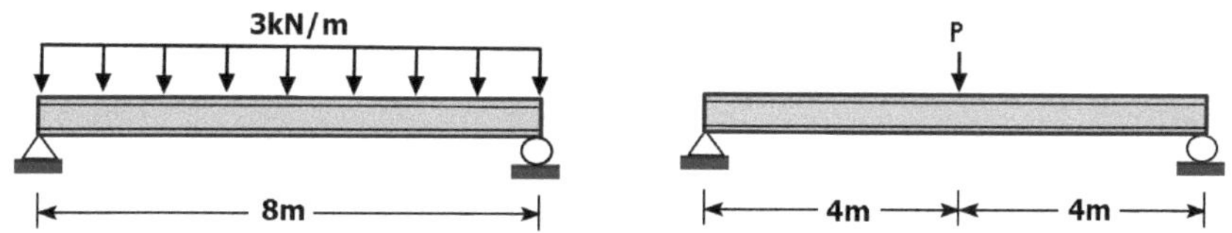

① 5kN
② 10kN
③ 15kN
④ 20kN
⑤ 24kN

26. 그림과 같이 보에 등분포하중과 압축력이 작용하고 있는데 압축력이 도심에서 10cm떨어진 곳에 작용한다. 보에 발생하는 최대인장응력은 얼마인가?

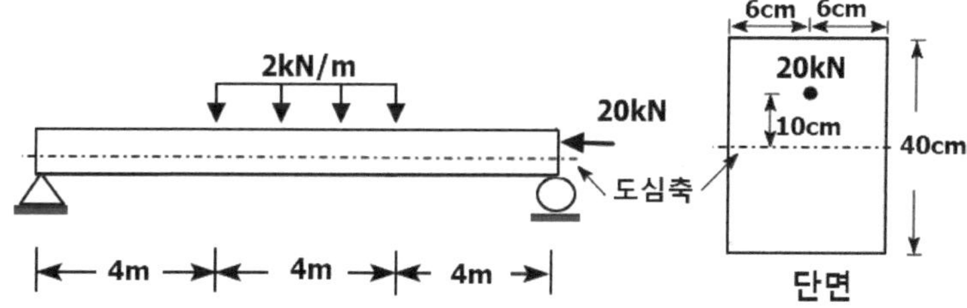

① $568N/cm^2$
② $367N/cm^2$
③ $867N/cm^2$
④ $469N/cm^2$
⑤ $646N/cm^2$

27. 그림과 같이 길이 9m의 보가 A점과 B점에서 지지되어 있다. 강재에 작용하는 인장응력이 $100N/mm^2$을 초과하지 않기 위한 강재의 한 변 길이 n의 최소값으로 적당한 것은?

① 0.14mm
② 1.4mm
③ 2.0mm
④ 14mm
⑤ 20mm

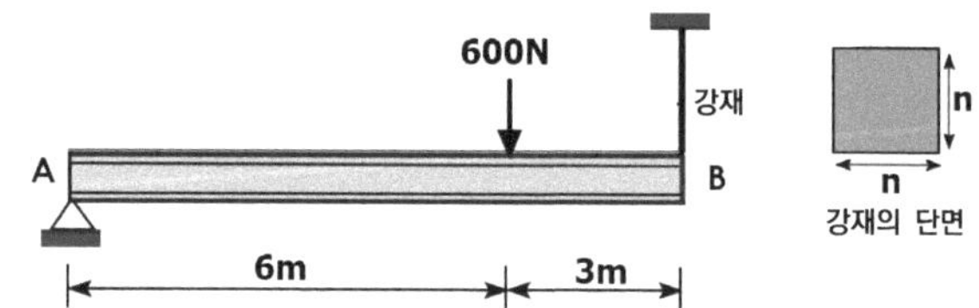

28. 아래의 보에 도심축에 대한 휨이 작용하는데 T형단면에 발생하는 최대 전단응력은 얼마인가?

① $100N/cm^2$
② $150N/cm^2$
③ $300N/cm^2$
④ $360N/cm^2$
⑤ $400N/cm^2$

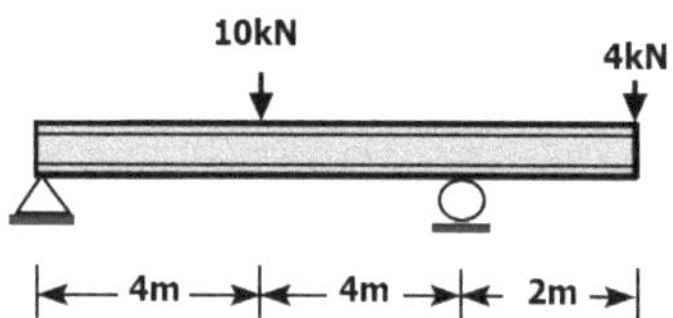

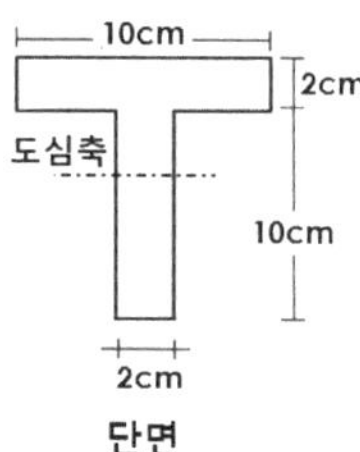

29. 그림과 같이 강체에 힘이 작용할 때 줄A와 줄B에 작용하는 힘으로 맞는 것은?.
단, 줄의 길이, 단면적, 탄성계수는 동일하다.

① F_A= 0N, F_B=50N
② F_A=25N, F_B=25N
③ F_A=20N, F_B=40N
④ F_A=25N, F_B=50N
⑤ F_A=30N, F_B=60N

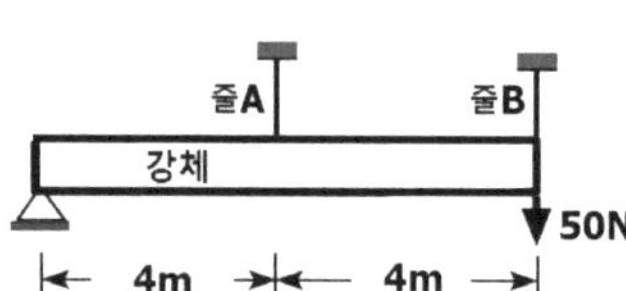

30. 박스형 단면의 보에 도심축에 대한 휨이 작용하는데 단면에 발생하는 최대 압축응력은 얼마인가?

① $8.4kN/cm^2$
② $11.7kN/cm^2$
③ $22.8kN/cm^2$
④ $32.5kN/cm^2$
⑤ $12.3kN/cm^2$

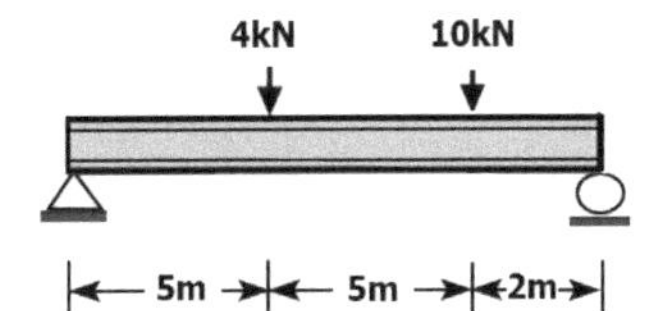

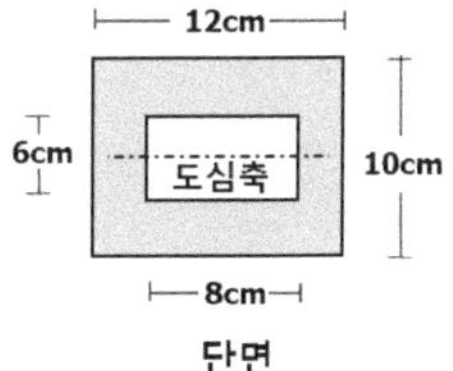

31. 다음 골조구조에서 A점의 모멘트를 구하기 위해서는 강성비, 분배계수를 구해야 하는데 a, b, c, d에 맞는 값을 적으시오. 단 I는 부재의 단면2차모멘트이다.

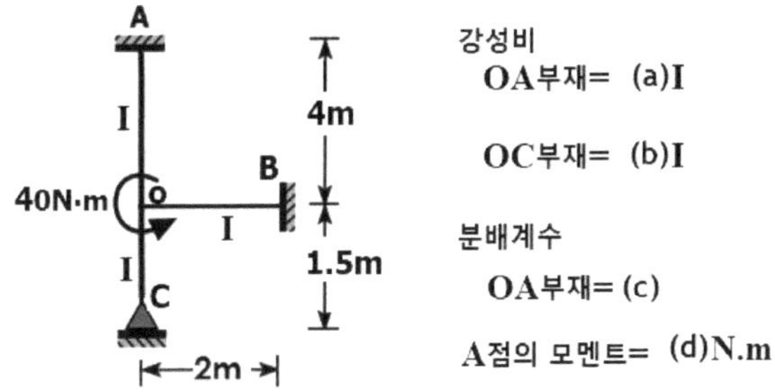

32. 아래 부정정 구조에서 A점의 모멘트와 B점의 수직반력을 구하시오.

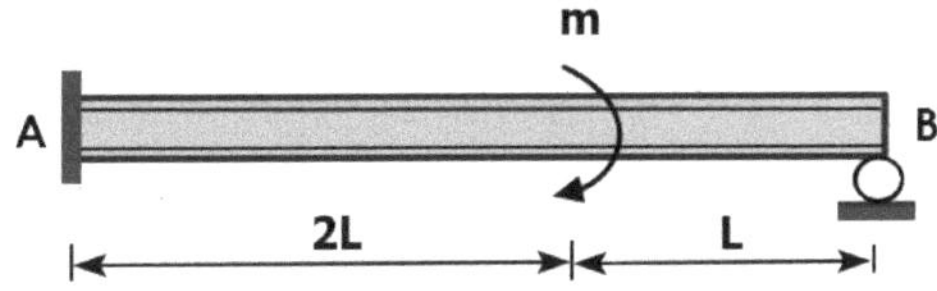

33. 아래 4개의 기둥에 대한 탄성좌굴하중을 ( )P로 나타내었다. a, b, c, d를 구하시오.

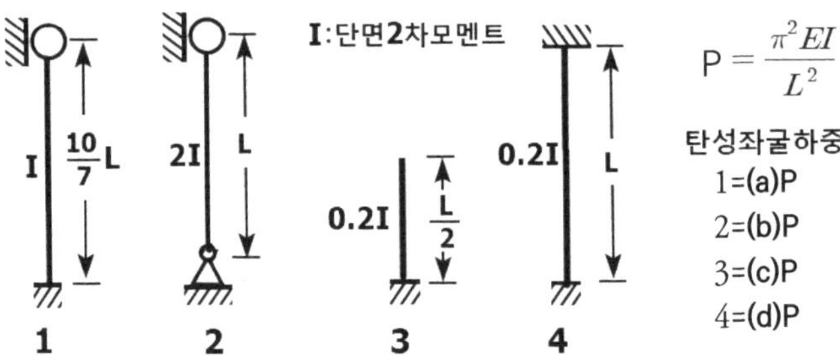

34. 다음과 같은 기초판에 500kN의 축력이 작용할 때 기초판에 작용하는 응력의 계산식을 아래와 같이 쓸 수 있다. 아래 식에서 $y_1 = 3\text{m}$, $y_2 = 1\text{m}$이다. M_1, M_2, I_1, I_2에 해당하는 값을 적으시오.

$$\sigma = \frac{500}{12} \pm \frac{M_1 \times y_1}{I_1} \pm \frac{M_2 \times y_2}{I_2}$$

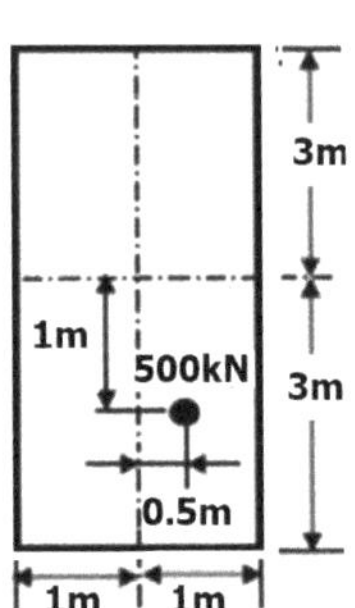

35. 그림과 같이 직사각형 기둥의 양단이 고정단으로 지지되어 있고 약축 휨에 대하여 중간에서 지지되어 있다. 기둥의 탄성좌굴하중을 구하시오.

단, $\dfrac{\pi^2 E\,a^4}{L^2} = 196\mathrm{N}$ 이다.

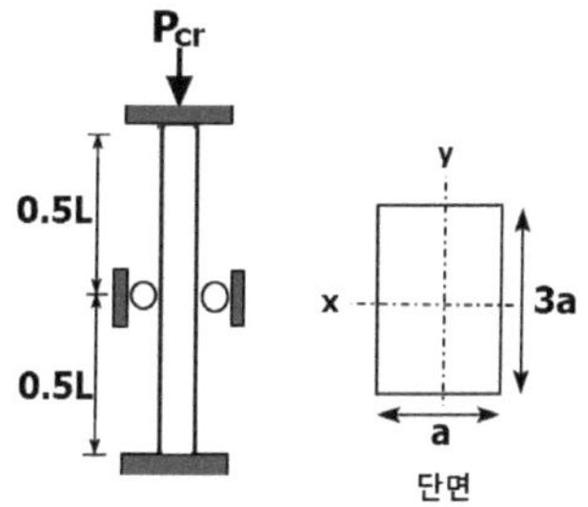

실전연습문제 정답

번호	정답
1	1
2	5
3	1
4	2
5	3
6	1
7	4
8	5
9	2
10	2
11	4
12	5
13	3
14	3
15	1
16	4
17	3
18	4
19	5
20	1
21	3
22	5
23	2
24	3
25	3
26	5
27	3
28	4
29	3
30	2
31	$a = 0.25, b = 0.5, c = 0.2, d = 4$
32	$M_A = \frac{1}{3}\mathrm{m}(\curvearrowright), R_B = \frac{4\mathrm{m}}{9L}(\uparrow)$
33	$a = 1, b = 2, c = 0.2, d = 0.8$
34	$M_1 = 500\mathrm{kN.m}, M_2 = 250\mathrm{kN.m}$ $I_1 = 36\mathrm{m}^4, I_2 = 4\mathrm{m}^4$
35	400N

저자

김영찬

서울대학교 건축학과 졸업
서울대학교 대학원 졸업(공학석사)
West Virginia University 졸업(공학박사)

대림산업 건설사업부 근무
전우구조건축사 사무소 근무
현 부경대학교 건축공학과 교수

건축구조역학입문 후편

2022년 7월 25일 1판 1쇄 발행
2024년 9월 5일 1판 2쇄 발행

저　　자 김 영 찬
발 행 처 기 문 당
주　　소 서울시 성동구 무학봉 28길 4-1
전　　화 02)2295-6171~2
팩　　스 02)6971-8188
홈페이지 http://www.kimoondang.com
I S B N 978-89-6225-667-3 93540

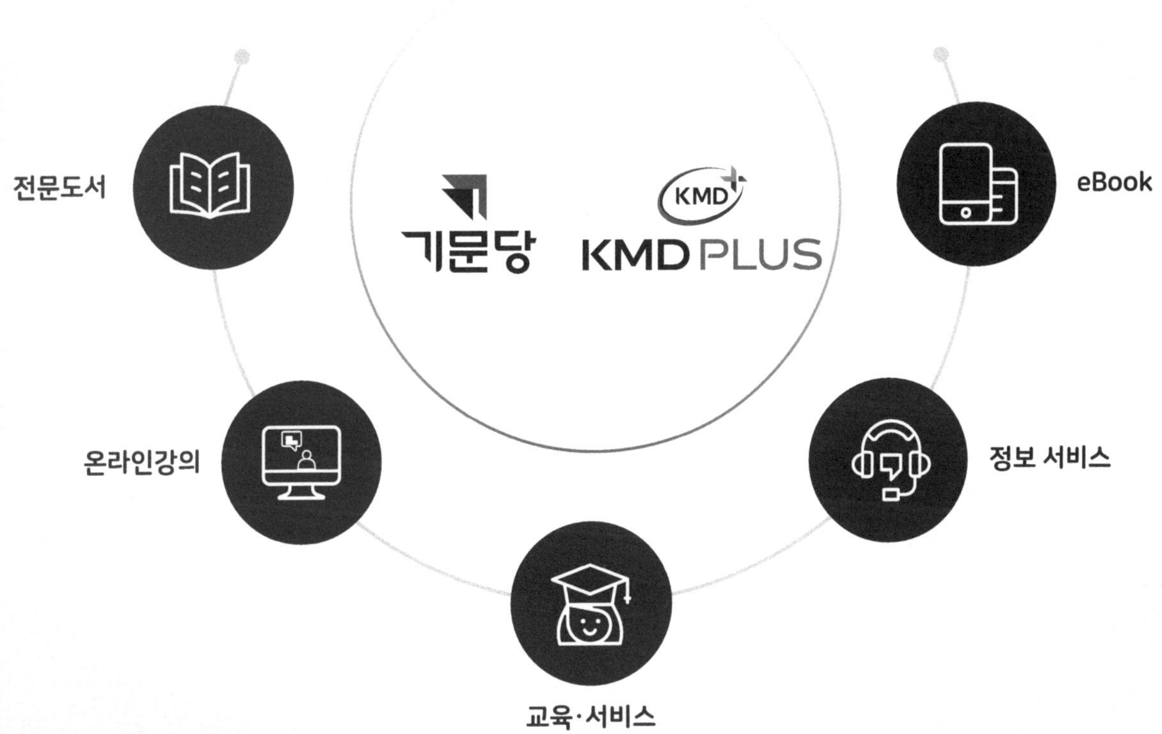

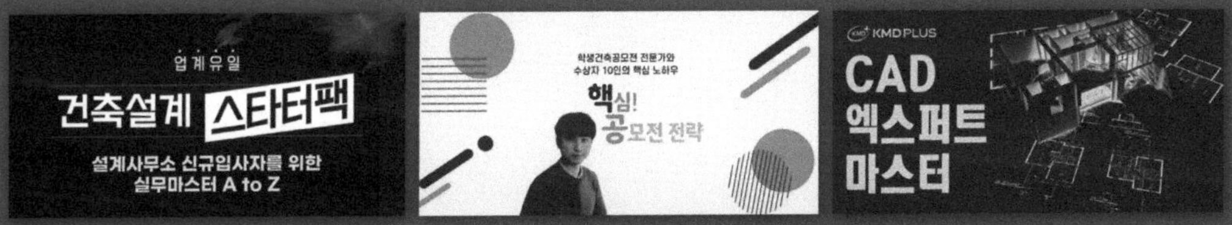